有趣的动物

图解神秘的动物世界

李静 · 编著

野作插画 · 绘

李立立 · 审

电子工业出版社

Publishing House of Electronics Industry

北京 · BEIJING

读者服务

读者在阅读本书的过程中如果遇到问题，可以关注"有艺"公众号，通过公众号中的"读者反馈"功能与我们取得联系。此外，通过关注"有艺"公众号，您还可以获取艺术教程、艺术素材、新书资讯、书单推荐、优惠活动等相关信息。

扫一扫关注"有艺"

投稿、团购合作：请发邮件至art@phei.com.cn。

图书在版编目（CIP）数据

有趣的动物：图解神秘的动物世界 / 李静编著；野作插画绘. —北京：电子工业出版社，2023.6

ISBN 978-7-121-45512-4

Ⅰ.①有… Ⅱ.①李… ②野… Ⅲ.①动物－青少年读物 Ⅳ.①Q95-49

中国国家版本馆CIP数据核字（2023）第075600号

责任编辑：孔祥飞 　　　　　　　特约编辑：田学清
印　　刷：中国电影出版社印刷厂
装　　订：中国电影出版社印刷厂
出版发行：电子工业出版社
　　　　　北京市海淀区万寿路173信箱　　　　邮编：100036
开　　本：787×1092　　1/16　　印张：5.75　　字数：128.8千字
版　　次：2023年6月第1版
印　　次：2023年6月第1次印刷
定　　价：69.00元

凡所购买电子工业出版社图书有缺损问题，请向购买书店调换。若书店售缺，请与本社发行部联系，联系及邮购电话：（010）88254888，88258888。

质量投诉请发邮件至zlts@phei.com.cn，盗版侵权举报请发邮件至dbqq@phei.com.cn。

本书咨询联系方式：（010）88254161～88254167转1897。

在地球漫长的生命里，早在人类出现之前，动物就成了地球的主人。它们栖息在陆地、海洋。在一代又一代的进化过程中，一些物种消失了，而一些新的物种悄然诞生，直至变成了我们现在看到的模样。动物和人类，共享并守护着这颗蔚蓝色的星球。

犹如白纸的孩子们，在对万物充满好奇的同时，总是对动物保持着100%的最原始的热爱。"长颈鹿的脖子为什么那么长？""还有比大象更厉害的动物吗？""海底世界最可怕的动物是什么？"……相信不少家长在孩子们成长的过程中，都会被他们可爱的问题难住。面对询问，直截了当地告诉孩子们答案并不能让他们获取有效的知识，更多时候，这些答案只会在孩子们的脑中短暂停留。

该怎么样将知识以孩子们喜欢的形式呈现出来呢？

为了方便孩子们有效地阅读，本书对动物进行了划分，分为"我们最美丽""我们最可怕""我们很奇特""我们很霸气""我们不怕累""我们很聪明""我们是'医生'""小小歌唱家""天生'伪装者'""空中'战斗机'"10个种类。在对具体动物的选择上，本书也尽量选取有意思的动物。

本书图文精美、语言有趣、内容丰富，希望孩子们在获取知识的同时，能够体会到阅读带来的快乐，感受到动物世界的奇妙，永葆好奇之心。

目 录

第一章　我们最美丽

蛇鹫

在非洲撒哈拉以南的大陆上，生活着一种美丽的鸟，它们的脸上有橘红色的"眼影"和"腮红"，头上长着黑色的冠羽，当它们发怒或警觉时，就会竖起这些冠羽，像欧洲中世纪时期把羽毛笔夹在耳后的绅士。它们是非洲草原上独具特色的风景，是"黄金之国"南非的国徽标志之一，更是苏丹的国鸟。它们是谁呢？它们就是被称为"秘书鸟"的蛇鹫。

蛇鹫全身修长，成年蛇鹫的体长能达到1.2~1.5米，体重可以达到2.3~4.3千克。虽然它们有和猎鹰一样的嘴巴，又长着和鹤一样的腿，可它们并不是猎鹰和鹤的"混血"。

挺拔细长的小腿上长满了鳞片，大腿上则长满了黑色的、短短的绒毛，身体的上半部分的羽毛却是白色的，中间的分界线如同"楚河汉界"一般分明，所以，蛇鹫也是最容易分辨的鸟类之一。

蛇鹫有着优雅又迷人的外形，平时又很喜欢在非洲草原上散步，因此，许多人认为它们是沉默寡言的吉祥物。真的是这样吗？当然不是啦！蛇鹫虽然不喜欢啼叫，看起来文质彬彬的，但非常凶悍哦，连眼镜蛇都怕它们呢！

20 世纪 50 年代，一位名叫冯·索莫伦的自然学家在观察蛇鹫如何捕猎时，发现一条体长一米多的眼镜蛇正在靠近蛇鹫，想要和它"战斗"。蛇鹫发现之后，移动着自己的脚步，在眼镜蛇的周围四处游走，不时张开自己的翅膀扑腾几下，双方相持不下。等到眼镜蛇体力有些不支之后，蛇鹫突然发起攻击，用爪子抓住眼镜蛇的身体，而眼镜蛇也缠住了蛇鹫的腿，这时，蛇鹫便以迅雷不及掩耳之势一口咬住眼镜蛇的要害。

蛇鹫不只吃蛇，野兔、松鼠、老鼠等也都是它的食物。正因为"不挑食"的习性，蛇鹫总是很容易获取食物。在非洲草原的旱季，天空不会降下一滴雨，火灾频发，许多小动物会因火受伤或丧生，蛇鹫就会趁机捡起这些唾手可得的食物，来喂养自己的宝宝。

说到这里，我们就不得不提一下蛇鹫的特殊之处，雌性蛇鹫通常在雨季产蛋，一窝能产 1~3 颗蛋，经过一个月左右的时间，这些鸟蛋就会被孵化成小雏鸟，而这时已经是旱季了。只需三个月左右，这些小雏鸟就会长出像它们父母一样的羽毛，飞出巢穴，从"家"走向原野，开辟自己的"地盘"，成为新一代的"非洲斗士"。

和人类一样，蛇鹫也实行"一夫一妻制"。在蛇鹫年轻的时候，只要选定了伴侣，就会与其终生在一起，不离不弃。每年的繁殖季节，非洲草原的上空就会出现成群求偶的雄性蛇鹫，它们忽而挥舞自己的翅膀，忽而收起翅膀，奋力地俯冲，在快要撞到地面时又张开翅膀起飞。这是雄性蛇鹫向雌性蛇鹫展示自己的勇气的方式。当两只蛇鹫"两情相悦"之后，便会组建家庭。它们一起建巢、孵化雏鸟、教雏鸟捕猎。蛇鹫的"家"可是"豪宅"，直径差不多有两米呢！

因为蛇鹫的羽毛非常漂亮，所以它们遭到了猎人无情地捕杀。许多原本可以活十几年的蛇鹫，却在很小的时候倒在猎人的枪下。而人类过度的放牧和自然环境的恶化，也让蛇鹫失去了赖以生存的栖息地。现在，蛇鹫已经被世界自然保护联盟列为易危物种。如果你在非洲看到了它们，可千万不要伤害它们呀！或许你会问：我实在太喜欢蛇鹫了，怎么办呢？答案很简单。包括苏丹、乌干达、加纳等在内的几十个非洲国家，发行了各种各样以蛇鹫为主题的邮票，收藏这些美丽又精致的邮票，是我们留作纪念的最好方式！

玻璃翼蝶

在中南美洲一带，生活着一种雨林的精灵，它们拥有透明的身体，只有翅膀的边缘为棕红色或橙色。这种美丽的精灵学名叫作宽纹黑脉绡蝶，因为它们的翅膀透明如同玻璃，人们也称它们为"玻璃翼蝶"。

玻璃翼蝶的双翅展开后只有5.6~6.1厘米长，在蝴蝶界可以称得上是"小朋友"了。和其他蝴蝶一样，它们也拥有着长长的腿，这便于它们往返于各个花丛之间。

玻璃翼蝶的身体上有着小小的、细细的鳞毛，不过它们的翅膀上除了脉，其他什么都没有哦！

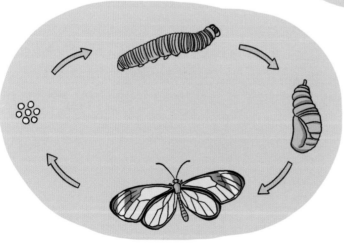

玻璃翼蝶一生需要经历卵、幼虫、虫蛹、成虫4个阶段。在它们还是卵时，会有一层软壳。雌性玻璃翼蝶将一颗又一颗的卵产在植物的叶子上，这些叶子都是它们精心挑选的。等到卵孵化成幼虫，就可以直接食用叶片，从中获取能量，为变身为虫蛹做好准备。

　　许多昆虫幼虫的外皮不会随着自身形体的变大而变大，玻璃翼蝶也不例外，当幼虫吸收了大量的营养，逐渐长大之后，其外皮会撑不住身体而被蜕下，而幼虫的表面会再生成一层新的皮……经过多次蜕皮之后，幼虫会变成虫蛹。你可能要问：这个阶段的玻璃翼蝶还不能飞，它们是怎么抵挡敌人攻击的呢？其实呀，玻璃翼蝶的幼虫是天生的"伪装者"，它们身体的颜色和树叶一样，鲜绿鲜绿的，敌人很难发现它们的存在，而且雌性玻璃翼蝶为幼虫挑选的叶片富含毒素，幼虫吃下去之后，这些毒素就会堆积在它们的身体里，谁敢来侵犯，谁就会中毒。

　　玻璃翼蝶的幼虫不会吐丝做茧，它们只是用几条丝把自己挂在树叶上，等待着慢慢蜕皮变成虫蛹，而后硬硬的虫蛹会露出美丽的翅膀，羽化成蝴蝶。玻璃翼蝶的翅膀在刚长出来的时候还是有鳞毛的，随着时间的推移，这些鳞毛会慢慢脱落，最终变成美丽的玻璃模样。

　　玻璃翼蝶并不是大自然中唯一拥有透明翅膀的一种蝴蝶，和它们一起生活在中南美洲的晶眼蝶就是另外一种。晶眼蝶的翅膀也接近透明，但后翅上有一对像人类眼睛一样的斑点，尾部还晕染着妖娆的玫瑰红色。或许，在遥远的过去，玻璃翼蝶和晶眼蝶还是"亲戚"呢！

　　目前，玻璃翼蝶还没有被评估保护等级，它们广泛地分布于栖息地中。这种美丽的精灵，是大自然赐予世界的礼物，我们可千万不能为了一己私欲而随意捕捉它们。

小贴士

　　为什么玻璃翼蝶会拥有透明的翅膀呢？传说在遥远的古代，山谷中生活着一群心灵相通的全身透明的蝴蝶，一位魔法师路过，害怕这些蝴蝶被骗，就留下药水，帮助它们隐藏自己的心事。蝴蝶们纷纷喝下药水后，身体有了各种各样的颜色。许多年后，魔法师再次来到山谷，发现蝴蝶们都藏起了自己的心事，相互猜忌。他很愧疚，于是用尽了一切办法想让蝴蝶们回到原来单纯美好的世界，可惜他的愿望落空了，法力有限的他最终只能将蝴蝶变成半透明的，然后伤心地离开了。

　　当然啦，传说只是传说。其实玻璃翼蝶的透明翅膀是生物进化的结果。在中南美洲的雨林里生活着它们的各种各样的天敌，渺小的蝴蝶为了躲避敌人的攻击，逐渐进化成现在的模样，有了这一对透明的翅膀，它们可以在树林、花草之间自由飞舞。你知道吗？玻璃翼蝶可是飞行的好手，它不仅每小时能飞行好几千米，还会进行迁徙呢！

丹顶鹤

从《诗经》的"鹤鸣于九皋，声闻于天"，到刘禹锡《秋词》中的"晴空一鹤排云上，便引诗情到碧霄"，丹顶鹤在中国古代文人的诗词中占据重要的位置。

"低头乍恐丹砂落，晒翅常疑白雪消。"白居易的这两句诗写出了丹顶鹤的清秀典雅、清高孤傲。"丹顶西施颊，霜毛四皓须。"杜牧将丹顶鹤美丽的外貌描写得淋漓尽致。

成年丹顶鹤在完全站立时，身长能达到 1.6 米左右，相当于一名成年女性的高度。它们有着修长的脖子、又细又长的双腿，除了脖颈和翅膀的尾部布满了黑色的"染料"，全身大部分都是雪白的。远远望去，它们就像穿着西服的美少年，清新脱俗。丹顶鹤黑白相间的头部顶着红色的肉冠，这也是丹顶鹤名字的由来。

为什么丹顶鹤唯独头顶是红色的呢？原来，丹顶鹤的头顶是没有羽毛的，我们所看到的红色是它们头顶丰富的毛细血管呈现的颜色。不过，丹顶鹤不是生下来就有这一块红色的，小丹顶鹤的头顶一般是灰色的，当它们长到 10 个月之后，才能变成成年丹顶鹤的模样。正是这一抹红色，让清秀的丹顶鹤更加高雅、华贵。

尽管深受大家的喜爱，但丹顶鹤并不是我国所独有的动物，它们主要分布在我国的东北地区、日本北海道、朝鲜及西伯利亚等地。生活在日本的丹顶鹤是留鸟，它们不迁徙，世世代代都生活在日本北海道。生活在东亚大陆的丹顶鹤是一种典型的候鸟，每年 3 月初，春暖花开时，它们会在我国黑龙江省齐齐哈尔市的扎龙国家级自然保护区产卵、繁殖，等到天气转凉，它们便会来到江苏省盐城市的盐城湿地珍禽国家级自然保护区过冬。还有一部分生活在更靠近朝鲜的丹顶鹤，它们会在俄罗斯的阿穆尔州、我国的黑龙江省东部沿黑龙江流域繁殖，在韩国、朝鲜的"三八线"一带过冬。

喜欢在沼泽地生活的丹顶鹤会把巢穴建在四周环水、长满又高又密野草的浅滩上，这样能最大限度地避免天敌的攻击。它们会用干枯的芦苇做底，在上面铺上芦花、草叶等。雌性丹顶鹤一次只能产下两枚蛋，经过 30 天的孵化，小丹顶鹤们就能破壳而出，只需要再过几天，它们就能张开翅膀和父母一起捕食了。

为了能在沼泽地生存，丹顶鹤进化出了一双细长的腿，每当夜幕降临时，它们总是单腿站立在迷雾中，颇有遗世独立的孤傲之感。把一条腿收起来，其实是因为丹顶鹤在站立着休息，当天敌靠近的时候，它们只需要拍拍翅膀，便能飞上天躲避危险。

丹顶鹤的美，不仅在于它清高的姿态、出众的外表，还在于它婀娜的舞姿。每年的 4 月是丹顶鹤交配的时节，雄性丹顶鹤为了吸引雌性丹顶鹤会尽情地舞蹈，如同跳芭蕾一样。被吸引的雌性丹顶鹤便会来到雄性丹顶鹤身边，和它一起翩翩起舞。

丹顶鹤有着又尖又长的嘴巴，能够一下就从水中捞起作为食物的鱼、虾、螺等生物。

和蛇鹫一样，丹顶鹤也是忠贞的动物。雄性丹顶鹤和雌性丹顶鹤一旦结为"夫妻"，就会终生不离不弃。

丹顶鹤的"歌声"穿透力极强。在它们长长的脖颈里长着一条鸣管。鸣管由左右两条支气管组成，直接深入肺部，其长度是人类气管的五六倍，能达到 1 米有余。当然，单靠这一条鸣管，丹顶鹤是不能发出洪亮的叫声的。丹顶鹤的鸣管末端像圆号一样，盘成圆形，堆积在胸骨。每当丹顶鹤发出叫声时，气流会使得鼓膜产生强烈的共鸣，因此丹顶鹤才能发出绝美的鸣叫声。即便我们身处几千米之外，也能听见它们的"歌声"。

丹顶鹤是我国一级重点保护野生动物，也是世界自然保护联盟 (IUCN) 发布的红色名录中的易危物种。截至 2022 年，红色名录中统计的丹顶鹤成熟个体数量只有 2000 多只。丹顶鹤在我国的主要繁殖地是黑龙江省齐齐哈尔市的扎龙国家级自然保护区，这也是全世界最大的丹顶鹤繁殖基地。齐齐哈尔市也因此成为丹顶鹤的故乡，被称为"鹤城"。位于江苏省盐城市的盐城湿地珍禽国家级自然保护区则是丹顶鹤的最大越冬地。

道教把丹顶鹤视为神仙的使者，文人雅客将丹顶鹤视为君子的化身。在中国人的心中，丹顶鹤已经不仅仅是一种珍稀的动物，还是吉祥、长寿、幸福的象征。

尽管从 1979 年开始我国就建立了丹顶鹤保护区，但随着人类耕地面积的增加，沼泽湿地面积的逐年减少，丹顶鹤的生存空间受到了极大的影响。同时，水污染、土壤污染造成了丹顶鹤食物的短缺。早年的大量盗猎也让丹顶鹤的集群总数不容乐观。

如果你有机会去扎龙国家级自然保护区和盐城湿地珍禽国家级自然保护区看一看，记得在观赏丹顶鹤美丽身影的同时，也要将反对盗猎、保护环境铭记于心。

火烈鸟

在五彩缤纷的大自然里，有一种全身通红，看起来像熊熊烈火的鸟，叫作火烈鸟。远远望去，你一眼就能发现它们。它们广泛分布在热带和亚热带地区，在非洲、亚洲、南美洲、北美洲、欧洲都能找到它们的踪迹。

火烈鸟，又叫作"红鹳"，它们的家族里一共有六个"兄弟姐妹"——大红鹳、智利红鹳、加勒比海红鹳、小红鹳、秘鲁红鹳、安第斯红鹳。

大红鹳   小红鹳

大红鹳又被人们称为"古巴火烈鸟"，尽管如此，它们却不生活在古巴，而是生活在地中海沿岸、印度西北部及非洲。

小红鹳生活在非洲东部、波斯湾，印度西北部也时常出现它们的身影。

智利红鹳、加勒比海红鹳、秘鲁红鹳和安第斯红鹳这四类火烈鸟只生活在南美洲。

火烈鸟的嘴巴短短的、厚厚的，其末端是黑色的，微微往脖颈方向弯曲，下嘴大得像一个凹槽。它们的脖子又长又弯，呈"S"形。

和丹顶鹤一样，火烈鸟也拥有一双又长又细的腿。红色的腿下边，是和鸭子相似、长着蹼的双足，不同的是，火烈鸟的足只有前3个脚趾有蹼。正是这迷你的双足，帮助火烈鸟在潮湿的沙地、泥地里稳稳地站立。

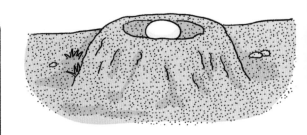

小贴士

不同种类的火烈鸟，其体长有很大的不同，但它们最一致的是全身呈现出的朱红色。其实火烈鸟也不是一出生就这么美丽的，在很小的时候，它们身上的羽毛和双腿都是灰色的。那它们的身体为什么会变成朱红色呢？

这就要从火烈鸟的"吃食"说起。喜欢生活在盐水湖泊、沼泽地带的火烈鸟，以水中的藻类、软体动物、甲壳类动物、昆虫等为食物，它们的舌边长着一圈尖刺。饿了，它们就张开大嘴喝一口水，这时尖刺就会把食物过滤到口中。而它们享用的这些食物富含一种名为虾青素的物质，正是这一物质使火烈鸟的羽毛、双腿呈现出朱红色。而幼年火烈鸟的身体里还没有堆积足够的虾青素，所以它们的全身是灰色的。

火烈鸟被誉为最浪漫的鸟类，也是实行"一夫一妻制"的动物。不过，人类却很难用肉眼辨别出火烈鸟的雌雄，科学家们通常用分子技术来鉴定火烈鸟的雌雄。雄性火烈鸟会把巢建在三面环水的"小岛"上，把混合着杂草的泥巴当作原料，堆砌成高12~45厘米、宽38~76厘米的"碗"。随后，雌性火烈鸟将1~2颗蛋产在里边。28~32天之后，雏鸟就能出壳啦，它们用颤抖的双腿行走着，只需要再过四五天，就能正常活动了。两个多月以后，这些雏鸟就能学会飞行，和成鸟们在天空中飞翔了。

考古学家们曾在安第斯山脉发掘出700万年前的火烈鸟脚印化石，然而这种古老而又创造了无数奇景的动物正在慢慢变少，人类不断开垦荒地、破坏湿地环境，挤压了它们的生存空间。2009年12月，国际野生生物保护协会（WCS）公布了一批濒临灭绝的野生动物名单，其中，火烈鸟被列为世界珍稀鸟类。

狒狒是火烈鸟水火不相容的敌人。平时喜欢吃草的狒狒，每当在野外碰到火烈鸟时，总是"胃口大开"，向其发起猛烈的攻击。

小贴士

火烈鸟是一种群居动物，所以当你在野外发现了一只火烈鸟时，往往就能看见成百上千个"红点"出现在树林中或水塘边。你可能好奇：火烈鸟成群结队地"组团"生活，遇到天敌会怎么逃跑呢？其实火烈鸟是一种群体意识很强的动物，当其中一只鸟察觉到危险时，就会展翅飞向空中，这时其他火烈鸟便会下意识地跟随它，飞上天空。对同伴的绝对信任，让火烈鸟的族群逃离了一次又一次的危机。另外，火烈鸟还是一种夜行动物，所以你总是在白天看到它们休息，但到了晚上，它们便会以每小时50~60千米的速度迁徙。

北极狐

地球北纬66°34′以北的广大区域，是寒冷的北极地区。这里有世界上最小、最浅、最冷的北冰洋，有数万年前就终年积雪的冰川，有在奇寒里仍然茂盛繁育的红藻、绿藻，也有在极夜中努力汲取热量的夏花。

在这个神奇的地方，生活着一种顽强的小动物——北极狐。它们长着一对细长的眼睛，远远看去，好像在微笑。尖尖的、短短的耳朵竖在头上，全身雪白，毛茸茸的长尾巴耷拉在屁股后头，让人忍不住想摸一摸。

青藏高原是地球上除北极和南极外，拥有冻土和冰川面积最大的地区。2014年，中国科学院发表了关于青藏高原发掘出化石群的研究成果的文章，这些化石群里有一种以我国微体古哺乳动物学家邱铸鼎先生命名的新犬科动物——邱氏狐。根据科学家考证，这是距今500万~300万年前沉积的化石，邱氏狐是北极狐的"祖先"。

你是不是觉得北极狐长得和狼很像呢？实际上它们和北极狼确实是近亲，都属于犬科，但是两"兄弟"的区别可大着呢！北极狼的体形要比北极狐大得多，脚趾到头大约高1米，体重足足有35~45千克；可是北极狐却像一个"迷你版"的北极狼，它们往往只有50~60厘米高，体长不到70厘米，其中尾巴就要占体长的一半，体重也差不多是北极狼的十分之一。

不过小个子的北极狐可是雪地里的机灵鬼，它们世世代代居住在寒冷的北极，虽然身材矮小，也没有利爪，可除了人类，它们几乎没有天敌。

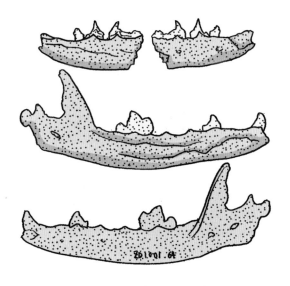

虽然同为地球的两极，但北极不像南极一年四季都被积雪覆盖，每当夏季来临时，北极一些地区的白雪会融化，露出棕色、灰色的地表。这时，度过漫长冬季的北极狐身上的毛发就会变成灰黑色，和大自然融为一体，这样它们就可以伪装自己，从而不被其他动物攻击。

即使在零下 45℃的气温下，北极狐依旧能自如地生活，这得益于它们全身从耳朵到脚底的细密绒毛。不过，北极狐也会储藏食物，以便躲过暴风雪。

说到食物，就不得不提一种名为旅鼠的小动物，它们和普通老鼠一样，小小的、全身长满绒毛。旅鼠是北极狐最主要的食物，每当在野外遇见旅鼠时，北极狐都会跳起来猛扑过去，一举将旅鼠拿下，可怜的旅鼠这时候就变成了北极狐的果腹之物。

北极狐并不只食用旅鼠这一种动物，它们还会吃小鱼、野兔等动物。到了秋天的时候，北极狐还会在草丛中寻找浆果来吃，这是它们补充维生素的重要方式之一。

北极狐是一种实行"一妻多夫制"的动物，它们过着母系氏族的生活。每年的春末夏初，北极回暖的时候，雌性北极狐就会产下 10 只左右的幼崽。幼崽们会依赖妈妈生活 3 个月左右，要等到它们"成年"，能"自立门户"，则需要 9~10 个月的时间。

北极狐属于迁徙类动物，是一个运动好手。每当旅鼠大量死亡，或者北极狐群体性生病时，它们就会成群结队地迁徙到其他地方生活。2008 年春天，一位加拿大的生物科学家监测到一只雌性北极狐在一年的时间内锲而不舍地走了约 4989 千米的路程。

白白的绒毛、圆圆的脸蛋让北极狐看上去既呆萌又可爱，它们就像雪中的精灵穿梭在北极的各个地方。可是人类的盗猎让它们的数量大大减少，全球变暖诱发的恶劣气候让它们失去了赖以生存的雪和冰川，也让它们失去了获取能量的食物。也许你会问：我们能做些什么呢？其实我们能做的有很多，比如乘坐绿色交通工具、少开空调、节约用水等，这些都是我们力所能及的事。

孔雀

蓝孔雀是目前数量最多的一种孔雀,主要分布在南亚大陆上,是印度的国鸟。它们全身长90~230厘米,其中尾翼就有身体的一半那么长。蓝孔雀的头部、颈部和胸前的羽毛都是蓝色的。它们的头顶上有羽冠,眼睛的下方有一条白色的线,这让它们的眼睛看起来更炯炯有神。

顾名思义,绿孔雀的特殊之美在于它们通体的绿色,从冠羽到胸前、从背部到腰间、从脖颈到尾翼,大面积深浅不一的绿色就像一件漂亮的外套穿在它们身上。雄性绿孔雀身长可以达到2.3米,雌性绿孔雀因为没有尾翼,身长只能达到1米左右。

蓝孔雀拥有健硕的大腿、细长的小腿,褐色的翅膀下是绿色的尾翼,每一片羽毛上都有眼状斑点,上面点缀着紫色、蓝色、黄色等颜色。

和蓝孔雀不同,绿孔雀的冠羽是一簇一簇的,脸颊是黄色的。

当雄性绿孔雀开屏时，除了头部，几乎整个身体都呈现出艳丽的绿色。尾翼在展开的一刹那，数百片羽毛组成华丽的尾屏，震撼得让人移不开眼睛。

每年的3~6月是绿孔雀繁殖的季节，可是绿孔雀却不像蓝孔雀那样，一次能产下许多的蛋，而且绿孔雀蛋的孵化率非常低，即便人类用科学技术辅助它们孵化，一窝绿孔雀蛋的孵化率也不到10%。

这也是目前绿孔雀数量非常少的原因。2013年，绿孔雀作为濒危物种被列入《世界自然保护联盟濒危物种红色名录》，它们也是我国的一级保护动物。

绿孔雀主要分布在东南亚地区，在我国云南省的中部和南部也能见到它们。不过，你可别期待在野外见到它们，盗猎行为屡禁不止，加上绿孔雀的生存环境被破坏，人们已经很难寻觅到它们的踪迹。

景洪市是云南省西双版纳傣族自治州的首府。在古代，景洪曾被人们称为"景永"。在傣语里，"永"是孔雀的意思，"景永"就是孔雀之城的意思。传说傣族的先民从外地迁入景洪时，当地有许多的孔雀，他们的首领认为孔雀是吉祥之物，要族人爱护、饲养它们，景洪的孔雀数量便越来越多。可惜的是，现在的景洪市几乎已经看不到野外生存的孔雀了。

刚果孔雀是一种生活在非洲刚果民主共和国的孔雀。它们身材矮小，体长只有 70 厘米左右，体重也只能达到 1.5 千克，从外表看，胖胖的它们更像是公鸡的近亲。

刚果孔雀体形肥硕又健壮，生活在非洲的热带雨林的溪边。雌性刚果孔雀的羽毛是棕红色的，翅膀则像是被刷上了一层绿色，头顶有一个微微凸起的冠，而雄性刚果孔雀的羽毛和雌性刚果孔雀的羽毛截然不同，它们的腹部、头部呈现出蓝紫色，而背部则是深绿色的，更与众不同的是，它们的脖子是完全裸露的。

雄性刚果孔雀没有大大的尾翼，每片羽毛上也没有眼状斑点，它们开屏时尾部更像一把小小的扇子，虽然不够壮观，但十分美丽。

2016 年，刚果孔雀被世界自然保护联盟列为易危物种，这么别具一格的动物，却由于刚果民主共和国常年的战乱、人为的盗猎、环境的破坏、繁殖率非常低等，没有得到相应的保护，数量每年都在减少。也许在不久的将来，我们只能在书上看到它们的身影了。

雄性孔雀和雌性孔雀从外表上十分容易分辨。雄性孔雀有一条长长的"尾巴"，而雌性孔雀的尾翼很短，是不会开屏的。

走进动物园，我们最期待的是什么呢？当然是孔雀开屏了。当孔雀展开它们的尾翼时，尾屏随着孔雀的走动而光彩夺目，让人眼花缭乱。但是孔雀为什么会开屏呢？

首先，孔雀开屏是为了求偶。虽然这条"尾巴"很笨重，但每到繁殖季节，雄性孔雀就将自己最美丽的一面展现出来，以引起雌性孔雀的注意。

其次，孔雀在受到惊吓时，也会开屏保护自己，这是它们防御敌人的方式。孔雀尾翼上像眼睛一样的羽毛会给野兽们一种错觉——这是一种有多只眼睛的庞大怪物，从而使它们不敢靠近。我们仔细观察也会发现，在动物园里，每当人们大声喧哗时，孔雀就会展开自己的尾翼，并且发出"沙沙"的声音。

第二章　我们最可怕

箭毒蛙

在巴西、圭亚那、哥伦比亚和中美洲的热带雨林中，生活着一种世界上最著名的青蛙，它们拥有极致艳丽的外表，却也拥有致命的毒素。它们就是神秘而又可爱的箭毒蛙。

箭毒蛙的体形在蛙类里算迷你的，体长最小不过 1.5 厘米，最大也只有 6 厘米。它们和我们常见的青蛙截然不同，身体呈现出五彩斑斓的颜色——鲜红、嫩绿、粉红、水蓝、金黄等。华丽的外表让人不禁想近距离观察它们，可它们却是世界上最恐怖的动物之一。

这种身上大部分颜色跟草莓红一样的箭毒蛙，是世界上最美丽的青蛙之一。但可别被它们的外表迷惑，虽然草莓箭毒蛙是箭毒蛙里毒性比较弱的一类，但只要被它们伤到，伤口就会红肿、有灼热感，像被火烧一样。

2015 年 9 月，北京出入境检验检疫局在一件邮包中查获 1 只活体箭毒蛙，携带活体物入境违反了《中华人民共和国禁止携带、寄递进境的动植物及其产品和其他检疫物名录》的规定，属于违法行为。

尽管拥有娇小的身躯，箭毒蛙却是自然界数一数二的"武林高手"，其"武器"就是身上具有的毒素。在已知的 135 种箭毒蛙里，有 55 种的身体里都含有毒素。鲜艳的颜色不仅是大自然赐予箭毒蛙的礼物，还是大自然给其他生物的警告。这些花花绿绿的外皮警告着外界：箭毒蛙是不好惹的，千万不要自讨苦吃。

箭毒蛙种类中最可怕的要算金色箭毒蛙了，它们的全身有的呈柠檬金色，有的呈橘黄色，虽然体长只有 3 厘米左右，但也是箭毒蛙里的"大个子"了。你可千万别因为好奇去触摸它们，它们的皮肤会分泌剧毒黏液，能伤人于无形之中。

根据科学家的研究证明，0.2 毫克的金色箭毒蛙的毒素就足以让一个成年人毙命，每只金色箭毒蛙的身体里就足足包含了 2 毫克的毒素，这种杀伤力可以说令人闻风丧胆。

南美洲的土著很早就开始利用箭毒蛙体内的毒素来捕猎了。他们先抓住箭毒蛙并用针刺死它们，然后加热箭毒蛙，在这个过程中，毒液就会渗出来，他们再把毒液涂抹到做好的箭头、标枪上，这些一剑封喉的毒箭就成了他们捕捉猎物的最佳武器。

箭毒蛙喜欢吃的食物有很多，蚂蚁、果蝇、蟋蟀等是它们的最爱。

为什么箭毒蛙身上的毒素这么可怕呢？

从毒理上来讲，箭毒蛙的毒为神经性毒素，这种毒素会干扰神经的正常功能，从而让被感染者死亡。尽管一些稍显"逊色"的箭毒蛙身上的毒素并不致命，但也会引发严重的炎症，因此我们绝不可小觑它们。

虽然箭毒蛙是动物界的"魔鬼"，但它们对待自己的宝宝十分温柔。大家都知道，青蛙小时候是一个小蝌蚪，因为箭毒蛙的蝌蚪宝宝们在一起时会相互打架，所以箭毒蛙"爸爸妈妈"会小心翼翼地将每个蝌蚪宝宝安置在不同的地方。

恐怖的箭毒蛙是自然界最强大的存在，同时，它们又非常脆弱。箭毒蛙对生存环境的要求很高，可是由于气候的变化、环境的污染等，箭毒蛙赖以生存的原始热带雨林环境正在急剧恶化，本就繁育率很低的箭毒蛙的数量正在迅速下降。不少对箭毒蛙好奇的人类，还会通过非法的方式捕捉它们，这种行为无疑给箭毒蛙的生存带来巨大的威胁。

黑曼巴蛇

如果你有机会漫步非洲大地，无论是去蛮荒的石地，还是去茂密的森林，你都要时刻保持警惕，不为别的，只为了不被一种名为"黑曼巴"的眼镜蛇攻击。

作为全世界最长的蛇，黑曼巴蛇体长的最高纪录约为4米，它们喜欢生活在石缝中、盘踞在树枝上。它们的身体颜色有许多种，比较常见的有棕色、灰色、土黄色等，这让它们很容易和枯枝、草丛混淆在一起，让人难以发觉。它们之所以被叫作黑曼巴，是因为当它们张开血盆大口时，从上颚、下颚到吐出的芯子，整个口腔无一不是黑色的，这也提升了它们神秘又危险的气质。

　　黑曼巴蛇是世界上最恐怖的毒蛇之一，它们拥有每小时 20 千米左右的攻击速度，同时它们的毒牙里还有世界上最毒的毒液。最重要的是黑曼巴蛇的"头脑"十分灵活。在捕获比自己体形大的猎物时，它们会先在一旁出其不意地咬上一口，然后躲在一边，看猎物慢慢地挣扎、晕倒、死去，最后优哉游哉地享用美食。在捕获蜥蜴、老鼠、小鸟等小型动物时，黑曼巴蛇就会一遍又一遍地攻击猎物，直至它们奄奄一息。

　　和箭毒蛙一样，黑曼巴蛇的毒素也是一种通过攻击猎物的神经、麻痹猎物的四肢、最终使猎物死亡的神经毒素。科学家研究发现，一条黑曼巴蛇身上含有 100~120 毫克毒素，而杀死一个成年人，只需要 10~15 毫克毒素。要是被它们咬上一口，该多么可怕啊！

小贴士

速度和剧毒并不足以让黑曼巴蛇成为"非洲死神"，它们能够让人闻风丧胆靠的是不畏强大的勇气和顽强的意志。黑曼巴蛇并不只是攻击比自己弱小的动物，还会与速度更快、体形更大的猎物战斗。当遇上难缠的猎物时，它便会一次次发起攻击，每一次撕咬，黑曼巴蛇都会储存充足的毒液，不管猎物怎么挣扎，黑曼巴蛇都会纠缠到最后一秒，不制服猎物决不罢休。

　　当然，黑曼巴蛇也是有天敌的。狐獴是一种身高只有 30 厘米左右的小动物。它们有着像熊猫一样的黑色眼圈，站立的时候，两只爪子垂在胸前，萌萌的样子，别提多可爱了。

　　之所以能成为黑曼巴蛇的天敌，是因为狐獴的身体里有一种对黑曼巴蛇毒素免疫的抗体。它们还喜欢群体行动，所以即便是身为"非洲死神"的黑曼巴蛇，看见狐獴也得绕道走。

漏斗网蜘蛛

在澳大利亚的东部,生活着一种名叫漏斗网蜘蛛的动物,它们的体形比一般的蜘蛛要大,体长最长能到4.5厘米左右,它们的模样也比较特别,背上有一层深棕色或黑色的甲壳,肚子是紫黑色的,全身长满了绒毛。

雄性漏斗网蜘蛛的腹部会从第二对足的位置变大,后半个身子看起来像一个椭圆形的球,在腹部的末端,还长着一根刺。

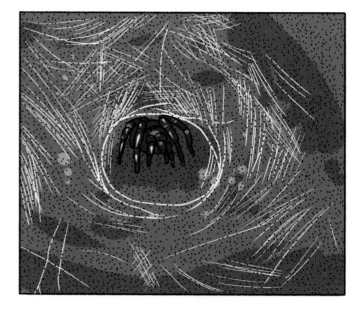

之所以叫作漏斗网蜘蛛,是因为它们的巢穴从外表看就像一个漏斗。雌性漏斗网蜘蛛不太喜欢走出巢穴,它们常常等着虫蚁自投罗网,当猎物被粘在网上时,雌性漏斗网蜘蛛便会迅速爬向它,享受美食。这可不是因为它们懒,而是因为雌性漏斗网蜘蛛要承担生产、照顾幼蛛的责任。

在多姿多彩的大自然中，外观并不出彩的漏斗网蜘蛛不太显眼，但对灵长目动物和犬类动物来说，它们的存在可是一种致命的威胁。这是因为漏斗网蜘蛛的刺针里含有令人毛骨悚然的毒素。

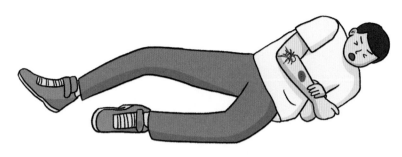

一只漏斗网蜘蛛体内的毒素就可以让 5~8 个成年人毙命，最可怕的是，这种毒素在人体内发作的时间非常短，从被扎进毒针到死亡，往往只间隔 15 分钟。

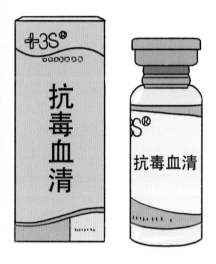

抗毒血清是人类对抗各种毒素的药物。医学家将各种毒素少量且多次注射到兔子、马的血管内，等到它们的体内产生了抗体并达到了一定的标准后，抽取它们的血液，分离出血清，将这些血清注射到中毒者的体内，以此减轻患者的症状，甚至治愈患者。

你可能说：只要避开它们不就好了吗？那你想得可太简单了。漏斗网蜘蛛非常喜欢潮湿的地方，它们会生活在屋檐下、花园的角落里、树木的阴暗缝隙中，甚至腐烂的树叶下，可以说它们无处不在。最要命的是，漏斗网蜘蛛还是一种极具攻击性的动物，它们会主动出击。如果人类被它们长达 1 厘米的毒牙咬进皮肤里，就会立刻感到疼痛难忍，接着全身冒冷汗、肌肉痉挛，继而昏迷，最终失去性命。

在澳洲，夏天和秋天是漏斗网蜘蛛最喜欢的季节。雄性漏斗网蜘蛛会在这两个季节四处寻偶交配，它们还会用尽自己的毒素保护雌性漏斗网蜘蛛和幼蛛。所以，如果你在这两个季节出门，一定要时刻注意自己的四周，更要勤快地打扫屋子。

如果不慎被漏斗网蜘蛛咬到了怎么办？首先，我们可以用一根绳子或压力绷带将被咬处的上方牢牢缠住，以减缓毒素向心脏扩散的速度。然后，拨打急救电话，明确告知对方自己被漏斗网蜘蛛咬到了，请医护人员带上相应的抗毒血清，以争取更多的时间。

蓝环章鱼

蓝环章鱼广泛分布在我国东海海域、日本和澳大利亚之间的太平洋海域。如果不是因为它身上带有令人谈虎色变的剧毒，这种体形和高尔夫球差不多大小的章鱼，实在是大海里最不起眼的"小角色"。

即便展开所有的"手臂"，蓝环章鱼最长也只有 15 厘米。这种生物既没有"盔甲"，也没有坚硬的外壳，甚至连骨骼都没有，看起来像处于食物链底端。可事实并非如此，章鱼可是一种智商超高的海洋生物。

蓝环章鱼白天喜欢躲在礁石缝中，它们全身是土黄色的，和海底泥沙的颜色十分接近，这是蓝环章鱼给自己设置的保护色，这样的伪装技术能让海洋里的大鱼穿梭而过时看不见它们。

之所以被叫作蓝环章鱼，是因为当它们感受到威胁或受到了很大刺激时，全身上下的蓝色圈状花纹会发出耀眼的宝石蓝光，而平时"土黄色"的皮肤则会变成亮黄色，这是它们向侵犯者发出的警告，提示敌人："这里有危险，请你迅速离开。"

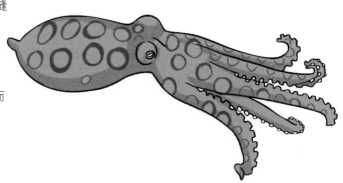

蓝环章鱼不仅聪明，还"身怀绝技"——拥有致命分泌物。这种分泌物里含有河豚毒素。河豚毒素是一种能麻痹神经的剧毒，能使被蜇之人肌肉瘫痪。人类一旦被蓝环章鱼蜇到，就会因为无法呼吸、心脏停搏而死亡。由于这种伤口很小，毒素发作的方式很隐蔽，人们很难从外表判定中毒的迹象，因此被蜇之人很容易被耽误治疗。

一只蓝环章鱼体内的毒素足够让 26 个成年人在半小时内死去。不过，大家也不用过度紧张，蓝环章鱼是一种非常害羞的动物，它们不会主动攻击人类，分泌河豚毒素主要是为了捕食虾、蟹等食物。被蓝环章鱼攻击的人类大多数都是因为在潜水时好奇而触摸了它们的身体，或者不小心踩到了这种危险生物。

科学家目前还没有研制出能够对抗蓝环章鱼毒素的抗毒血清。那么，如果不幸被蜇，我们该怎么做呢？

我们只要发现有人被蓝环章鱼蜇了，就要第一时间按压住伤口，并拨打急救电话，同时，24 小时不间断地给伤者做人工呼吸，避免伤者出现呼吸停止的状况。一般来说，24 小时之后，蓝环章鱼的毒素浓度在人体内会降低，并最终消失，伤者慢慢地可以自主呼吸。但在这个过程中，我们仍然要时刻关注伤者的情况，不可以随意停止人工呼吸。

青少年、儿童的身体还没有发育成熟，免疫系统更容易被这种毒素攻击，所以在外出潜水、游泳时，更要注意不能招惹这种危险的生物。

你可能想："我潜水的时候，是要穿潜水服的呀！"
蓝环章鱼的喙可是很尖锐的，能够瞬间咬破潜水服，所以，如果你去海里游泳或潜水，千万不要掉以轻心。

锥形蜗牛

锥形蜗牛，又称"鸡心螺""芋螺"，是一种广泛分布在热带海域的海洋生物。

锥形蜗牛的头部细小，尾部硕大，外形看起来像鸡的心脏，又像长长的芋头，因此而得名。在我国福建省、广东省、台湾地区和南海诸岛的珊瑚礁中，生活着 70 多种锥形蜗牛。它们的后背上长满了各种各样的花纹，有的呈豹纹状，有的像瓷瓶一样，有的布满了斑点。因为这些美丽的外表，喜爱收藏贝壳的人很容易被它们吸引。

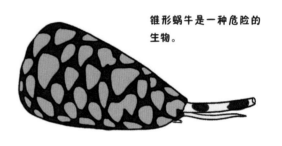

锥形蜗牛是一种危险的生物。

锥形蜗牛的头部有一种像鼻子一样的橘黄色物体，上面长着像针头一样的"齿舌"，当它们要发起攻击时，就会使劲收缩全身的肌肉，将混合毒液粘在"齿舌"上，瞬间刺到对方的身体里。这也是步履缓慢的它们"打仗"时唯一的"武器"，即便是在海洋里快速移动的小鱼也很难避免被刺中。

锥形蜗牛猎杀猎物的方式很独特。在寻找到合适的目标之前，它们会将自己的身体全部卧于沙中，只留出"长鼻子"呼吸。发现猎物之后，它们也不会急于行动，而是等待时机，时刻监视着猎物的一举一动，趁对方不备时，迅速射出"齿舌"。猎物一旦被刺中，就会立刻麻痹，而后锥形蜗牛会收起"齿舌"，将猎物卷入腹中。

锥形蜗牛的毒素虽然令人望而生畏，但科学家们试图从中提取有益的物质，用于研发阻断甚至治疗肝癌的药物。尽管现在这类特效药还没有上市，但随着科学技术的进步，未来的某一天，武侠小说中所描述的"以毒攻毒"将不再是梦。

齐考诺肽就是科学家们从锥形蜗牛的毒素中提取的一种治疗严重慢性疼痛的药物，适用对象是已对吗啡或其他镇痛辅助手段没反应的严重慢性疼痛患者。

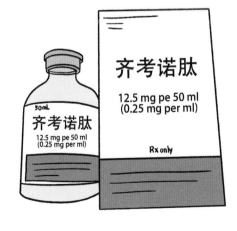

第三章 我们很奇特

巨嘴鸟

从中美洲到南美洲，热带雨林里有一种神奇的鸟——巨嘴鸟。听名字你也能猜到，它们的嘴一定很大。没错，虽然巨嘴鸟并不算是鸟类中的庞然大物，它们的身长只有 55~65 厘米，但它们的喙（鸟类的嘴巴部位）有 18~21 厘米长，是整个身长的三分之一。更为奇妙的是，它们的喙色彩艳丽，颜色通常和它们头部的羽毛颜色相似，有黄色的、绿色的、蓝色的，别提有多美了。

尽管看起来很笨重，但巨嘴鸟的喙是空心的，重量只有不到 30 克，其外部只有一层薄薄的硬壳，中间填充的是极细的、带孔的海绵状骨质组织，这让巨嘴鸟能够轻松挪动这张看似累赘的喙。

巨嘴鸟驾驭喙时相当灵活。它们喜欢以水果、坚果和植物的种子等为食，有时候也吃小虫子补充营养。它们是怎么享用食物的呢？巨嘴鸟先用喙叼住不大不小的食物，头部不断上扬，然后用力将食物抛向空中，在千钧一发之际，张开嘴巴，让其落入口中。

如果你仔细观察，就会发现巨嘴鸟喙的边缘有一排细小的锯齿，虽然喙的尾部是弯曲的，但它们可以靠这些锯齿稳稳地叼住食物。

除了拥有有趣的喙，它们还特别热衷于和啄木鸟抢窝。由于它们的喙与众不同，因此它们会将巢筑在又深又大的树洞里。它们有时会自己找栖身之地，有时会霸道地抢占啄木鸟的"地盘"，这可是一种不好的行为，我们千万不能学。

这张喙，让巨嘴鸟捕食起来尤为轻松，同时，它也成为巨嘴鸟防身的工具。当产卵的时候，巨嘴鸟会将身体藏在树洞里，只将喙露在洞外，敌人看见这么大的喙，就会以为树洞里藏着一个庞然大物，自然就不敢靠近、知难而退了。

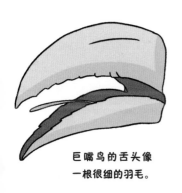

巨嘴鸟的舌头像
一根很细的羽毛。

巨嘴鸟的爪子2个趾头在前、2个趾头在后，而一般鸟类都是3个趾头在前、1个趾头在后的。

因为漂亮的外形，巨嘴鸟会被一些鸟类爱好者圈养起来，但巨嘴鸟对环境和食物的要求非常高，喜爱在热带雨林生活的它们，离开了广阔的天空就很容易死去。随着人类活动的增加，热带雨林的面积正在逐年锐减，巨嘴鸟失去了家园，其数量也正在慢慢减少。

红腹锦鸡

红腹锦鸡，是我国独有的一种鸟，它们分布在我国的中部和中南部山区，陕西省和云南省的低海拔山地、森林、竹林和灌丛，都是它们的家园。

在传统的中国文化里，"龙凤呈祥"被誉为吉祥、富贵的征兆，龙的由来相信大家都很清楚，它是由各种动物拼凑而成的。相传，凤凰的原型就是红腹锦鸡。在我们的传说中，凤凰有一条长长的尾巴，红腹锦鸡也是如此。

雄性红腹锦鸡体长约1米，尾羽长能达到75厘米左右，身上有七色的羽毛，闪亮夺目，尤其是它们肚子上那一片鲜红色，一下就抓住了人们的眼球，它们也因此而得名。

和雄性红腹锦鸡相比，雌性红腹锦鸡逊色不少，它们体长约60厘米，全身以棕灰色为主，没有羽冠，尾羽也不够长，可它们却是十分伟大的。

每到繁殖季节，雌性红腹锦鸡在和雄性红腹锦鸡交配后，会独自前往山林里的荫蔽地面建巢、产卵、孵化宝宝。它们舍弃美丽的外表，换上颜色足够"低调"的羽毛，也许就是为抵御天敌以便更好地孕育下一代而做的掩护吧！

雄性红腹锦鸡的头部还有一簇金黄色的丝状羽冠，所以红腹锦鸡是名副其实的"金鸡"。

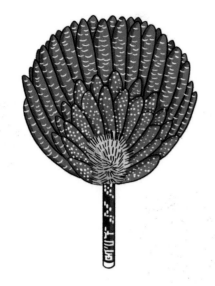

在中国古代，皇帝出行会有一个仪仗队，侍者会拿着大大的扇子跟在皇帝身后，这种扇子叫作雉尾扇。红腹锦鸡的尾羽是制作雉尾扇的原材料之一。

唐朝画家阎立本的《步辇图》，是中国十大传世名画之一，现藏于北京故宫博物院，这幅恢宏的巨作描绘了吐蕃使臣禄东赞朝见唐太宗的场景。从图中可以看到，唐太宗的身后就有一对硕大的雉尾扇。

漂亮的外观让红腹锦鸡在200多年前就被西方人带到欧洲，成为观赏鸟。它们既喜欢吃小小的昆虫，又喜欢吃花、草、树叶，更喜欢吃种子，是一种十分好饲养的动物。

北宋宋徽宗赵佶是宋朝的第八位皇帝，在艺术上，宋徽宗拥有相当高的成就。他创作的传世经典之作《芙蓉锦鸡图》现藏于北京故宫博物院，画中描绘了一只栩栩如生的锦鸡站在芙蓉枝上，正盯着一对嬉戏的蝴蝶。可见在宋朝，锦鸡就已经进入皇家园林，成为深受王公贵族喜爱的"神鸟"了。

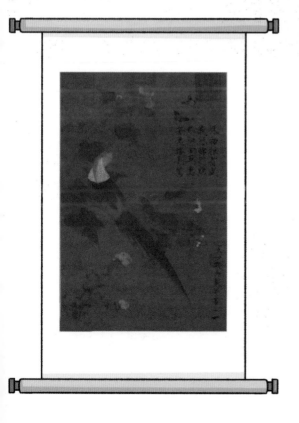

我们经常在电视剧上看到明朝和清朝官员的官服上，前后都有方形的补子，这是明清两代用来区别官级的方式之一。文官的官服补子图案是飞禽，武官的则是走兽。二品文官的官服补子上，绣的就是红腹锦鸡。

现在，红腹锦鸡已经成为我国的二级重点保护野生动物。在古代，它们的数量十分庞大，但到了现代社会，违法盗猎活动屡禁不止，导致红腹锦鸡的生存环境不容乐观。这么绚丽多姿、承载了耀眼的中华文明的动物，为什么要捕猎它们呢？它们在大自然中诞生，也属于大自然，人类为了一己私利而伤害它们，这是万万不可取的。

变色龙

长相奇特的蜥蜴，是地球上古老的生物之一。目前现存已知的蜥蜴一共有几千种，被大家熟知的变色龙是其中叫作"避役"的一类。这类变色龙一共有 160 多种，体长最长的有 60 厘米，最小的只有指甲盖那么大，仅 29 毫米。

和人类不同，变色龙的两只眼睛可以同时望向不同的方向。这是由于它们常年栖息在树上，身材比较短小，很容易成为敌人攻击的目标，为了时刻监测周围的动静，变色龙会一边看向前方，一边看向后方，是不是很神奇？

你有没有觉得变色龙长得很像恐龙呢？变色龙会不会是恐龙的后代或近亲呢？

世界上有一半的变色龙生活在马达加斯加共和国，有小部分的变色龙生活在非洲撒哈拉沙漠以南的热带雨林里，还有极少数量的变色龙分布在西亚和南欧。

变色龙是一种非常"懒"的动物，它们可以待在树上几个小时不动，除了产卵和求偶，它们几乎不在地面上活动。

变色龙最神奇的地方就是它们的皮肤颜色会发生变化，几乎可以达到和周边环境融为一体的地步。根据科学家的研究证明，尽管变色龙的表皮极为粗糙，但在这些密集的"疙瘩"下面，有三层色素细胞，它们分别是最外层的黄色素和红色素细胞、中间层的蓝色素细胞、最深层的黑色素细胞。在不同的环境下，这三层色素细胞会在神经的刺激下相互交融、变化，从而让变色龙的皮肤颜色发生变化。

变色龙虽然平时"漫不经心"，但在捕捉猎物时十分聪明。它们喜欢吃昆虫，有时也吃雏鸟。变色龙有一条细长的舌头，长度是它身长的两倍，平时被卷在口腔中的一块尖状骨骼上。当发现猎物的时候，变色龙会先左右观察，然后在大脑中计算出和猎物的距离，再用全身的肌肉将舌头瞬间弹出，利用黏液粘住猎物，将其带入口腔，最后美美地饱餐一顿。整个过程不过 1/25 秒的时间，变色龙就完成了一次捕猎。

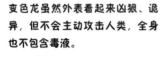

变色龙虽然外表看起来凶狠、诡异，但不会主动攻击人类，全身也不包含毒液。

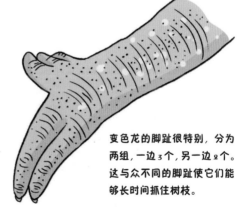

变色龙的脚趾很特别，分为两组，一边 3 个，另一边 2 个。这与众不同的脚趾使它们能够长时间抓住树枝。

非洲瞪羚

敏捷的羚羊是草原上的精灵，它们灵动、活泼，时而跳来跳去，时而奔跑如风。瞪羚是羚羊家族的成员之一，一共有11种，分别生活在非洲、亚洲的干旱、开阔的地带，以群居、迁徙的方式栖息在沙漠和草原上。

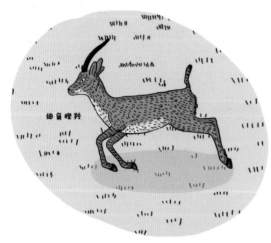

细角瞪羚是《世界自然保护联盟濒危物种红色名录》中的濒危物种，它们分布在非洲的阿尔及利亚、埃及、突尼斯等国家。它们是瞪羚家族中的大家伙，全身长100~110厘米。细角瞪羚最有特色的地方是细长的犄角，它们也是瞪羚家族中毛色最浅的一种——腹部的下半部分是纯白色的，其他部位呈奶黄色。

细角瞪羚喜欢有沙子的地方，它们的蹄子比其他种类瞪羚的要宽，这使它们能更方便地在沙地上行走。非洲沙漠的气温很高，细角瞪羚会利用露水和植物来补充水分。

细角瞪羚奔跑起来，最快速度能达到每小时 90 千米，不仅如此，它们还是著名的"马拉松选手"，较强的耐力让它们奔跑数小时也不会疲惫。

由于非洲盗猎者的捕杀、生存范围的缩小等因素，细角瞪羚的数量已经极少，2016 年《世界自然保护联盟濒危物种红色名录》中记录的成熟个体数量为 300~600 只。

长相并不出众的鹿瞪羚体长只有 90~110 厘米，它们的角是瞪羚家族中最弯曲的。鹿瞪羚的皮毛也和其他"兄弟姐妹"不尽相同，它们的脸部没有黑色的花纹，却有着白色的眼圈、条纹，以及棕褐色、浅红色的额头。

鹿瞪羚生活在北非和阿拉伯地区的沙漠地带，它们是最能承受高温的物种之一，可以一直不喝水，从食用的植物叶片、果实、种子里获取水分。

鹿瞪羚

斯氏瞪羚是瞪羚家族里的"小朋友"，是体形最小的一种瞪羚。它们的毛色很浅，呈浅棕色，腹部是白色的，虽然外形看起来和其他种类的瞪羚有相似之处，但它们白色的尾巴上"别出心裁"地长着一条黑色的斑纹。

斯氏瞪羚分布在非洲东部，领地意识非常强，雄性斯氏瞪羚会利用肛门腺留下自己的味道，从而划分领地。近年来，斯氏瞪羚的数量急剧下降，已被世界自然保护联盟列为极危物种。

斯氏瞪羚

萤火虫

　　夏日炎炎，在水草丰盈的河边、森林里、草丛中，我们经常能见到像迷你灯一样的黄色萤火虫，它们就像坠落凡间的星星。

　　目前世界上已知的萤火虫共有 2100 多种，我国已记载的有 76 种。它们的身体非常小，小的体长只有几毫米，大的体长也不过 17 毫米，而小小的身体里却蕴含着大大的能量。萤火虫之所以被人们喜爱，是因为它们能在黑暗的地方发出淡淡的光，成为夏夜里最浪漫的景色。

萤火虫的身体扁扁的，头上有一对触角，背部有一对能带它们飞跃丛林的翅膀。

　　萤火虫为什么会发光呢？其实是因为它们身体里有一种发光器官，这种器官的最外层是一层透明的薄膜，薄膜内存在着数不清的发光细胞，细胞里包含着大量的荧光素和荧光酶，再往里面是反光层。

　　每当萤火虫活动身体时，它们就会像人类一样加快呼吸，大量的氧气进入体内的发光细胞后，产生了氧化反应，正是这种反应才让萤火虫发出光来。

《隋书·炀帝纪》中记载："大业十二年，上于景华宫征求萤火，得数斛，夜出游山放之，光遍岩谷。"

隋炀帝是隋朝的第二位皇帝，这段史料是说隋炀帝派人在景华宫抓了数斛萤火虫，在晚上游玩山水时，将这些萤火虫全部放飞，顿时黄色的光照亮了整个山谷。

在中国文化里，萤火虫是一种浪漫的文化标志，许多文人都把它们记录在自己的诗歌里。

秋夕
【唐】杜牧
银烛秋光冷画屏，轻罗小扇扑流萤。
天阶夜色凉如水，卧看牵牛织女星。

咏萤火
【唐】李白
雨打灯难灭，风吹色更明。
若飞天上去，定作月边星。

萤火虫的一生需要经历卵—幼虫—蛹—成虫 4 个阶段，整个过程会持续一年左右的时间，但等到萤火虫开始发光之后，它们的寿命会急剧缩短，只有一到两周。

萤火虫是一种对环境有超高要求的生物，在清澈的溪水边、浓密的树林里，以及没有任何光污染的地方，都能见到它们的身影。如果你在野外看到了萤火虫，千万不要用带有闪光灯的相机拍照，这会对它们造成很大的伤害。

第四章 我们很霸气

陆地之王——大象

在地球的大陆上，曾经生活着许多不同种类的大象，但随着时间的推移，现在世界上只剩下3种大象了——亚洲象、非洲森林象和非洲草原象（后两种大象在后文中统称为"非洲象"）。

猛犸象曾经是世界上最大的象之一，它们生活在北半球的高纬度寒冷地区，全身长满长毛，皮下有厚厚的脂肪，能够抵御寒冷气候的侵袭。不过，猛犸象已经在大约公元前2000年灭绝了，我们现在只能通过动画复原一睹它们往日的风采。

亚洲象是目前亚洲陆地上最大的动物，象牙是雄性亚洲象的标志，有的象牙可达一米多长，当然，也有的雄性亚洲象没有外露的象牙。雌性亚洲象的象牙则较短，有时甚至看不到。

一头成年亚洲象站起来有 2.4~3.1 米高，体重更是达到了惊人的 3~5 吨。亚洲象曾经广泛地生活在西亚、东南亚，以及中国的长江、黄河流域的森林里。随着人类社会的发展和生活范围的扩大，亚洲象的数量变得十分稀少，现在只零星分布在印度次大陆和东南亚的森林里，而它们在中国的数量不超过 300 头，只生活在云南省的西双版纳、思茅和临沧地区。

作为一个庞然大物，亚洲象根本不惧怕其他动物的攻击，厚厚的皮肤是它们最好的盾牌，长长的鼻子一甩，就能轻松把敌人推开。因此，亚洲象被称为"亚洲丛林之王"。

亚洲象的性格比较温和，它们能被人类驯服，而非洲象就不同了，它们是陆地的绝对王者，在草原上所向披靡，即便是猎豹、犀牛也不是它们的对手。非洲象拥有强壮的身体，无惧任何动物的撞击和撕咬，只要轻轻一踏，就能轻松地将其他动物碾在脚下，它们的象牙就像两把又长又尖锐的剑，只要扬起象牙，就能把敌人吓退。

非洲象和亚洲象虽然体积巨大，但它们可是移动速度很快的动物，尤其是非洲象，为了寻找食物，大象家族可以在一年之内迁徙一万多千米，长长的队伍让其他动物只能敬而远之。

非洲象是群居动物，当一头大象被攻击时，整个大象家族都会前来防御。试想一下，如果一只猎豹不小心闯入了非洲象的地盘，面对几十头庞然大物，它能逃得掉吗？

非洲象是陆地上最庞大的哺乳动物，虽然和亚洲象同是大象，但二者有许多不同之处。

非洲象的体重能达到 5.5~8 吨，是令人生畏的"巨无霸"。

非洲象的耳朵巨大，像两把扇子，这是由于它们生活在非洲的热带地区，耳朵大更利于它们散热。

非洲象的起源时间要比亚洲象的更早。

无论是雌性非洲象还是雄性非洲象，它们的象牙都会外露。

亚洲象的额头上有两个鼓包，但非洲象没有。

非洲象的前肢有 4 个脚趾，后肢有 3 个脚趾，而亚洲象的前肢有 5 个脚趾，后肢有 4 个脚趾。

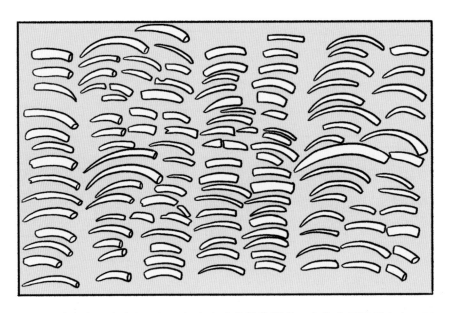

虽然身为"陆地之王"，但在人类的枪炮面前，它们毫无还手之力，而人类杀害大象的目的却是获取它们的象牙，用来制作精美的装饰品。在东南亚，亚洲象还被人类强制驯服，成为动物园、杂技团的表演工具，它们的身体被驯兽师用尖利的象钩和皮鞭虐待，精神一直被摧残着。

现在，无论是亚洲象还是非洲象，它们的数量都岌岌可危。我们应当拒绝象牙制品，拒绝大象表演，保护外表霸气却内心柔软的动物朋友。

大象是一种很聪明、家庭观念很强的动物，也是最像人类的动物之一。一头小象从出生到成年需要十二三年的时间，在这个过程中，它会被家族成员保护得很好。在迁徙的过程中，小象会因为跟不上大象的脚步而时常迷路，大象就会在原地等待它。小象是秃鹰、野狗、狮子等动物的猎物，当一头小象被袭击时，整个家族的母象都会去保护它。

百兽之王——老虎

老虎是亚洲特有的物种，也是陆地上最大的食肉性猫科动物。目前世界上一共有9种老虎——西伯利亚虎、华南虎、巴厘虎、孟加拉虎、里海虎、苏门答腊虎、印度支那虎、马来亚虎、爪哇虎。

老虎是地球上的古老生物，现代老虎的祖先古中华虎，最早发现于200多万年前的华北地区，如今的河南、甘肃地区都曾有它的踪影。大约100万年前，古中华虎逐渐演变成我们现在看到的老虎的模样。它们的适应能力超强，不仅能抵御寒冷，还能在热带雨林里繁衍生息。在地球剧烈变化的时期，老虎也经受住了"考验"，顺利地存活下来，它们在森林里"打遍天下无敌手"，凭借锋利的爪子、尖刀一般的牙齿、矫健的身姿、飞快的速度，当之无愧地成为"百兽之王"。

东北虎拥有30颗非常强大的牙齿，它们粗大尖锐，像一颗颗巨型的钉子一样长在口腔中，猎物一旦被它们撕咬住，只能丧命。

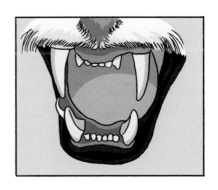

西伯利亚虎，又名"东北虎"，起源于亚洲的东北部，是现存老虎里体形最大、生活的纬度最高的一类。它们出没于雪原，喜欢生活在山地上，成年东北虎的体长能达到2.3米，额头上有非常明显的像"王"字一样的黑色条纹。

西伯利亚虎生性凶猛，为了捕捉猎物，它们能长时间待在一个地方，与猎物保持着一定的距离，时机一到，就会立刻扑咬过去，它们啃咬的部位也是经过精心计算的——一般都是猎物的颈部。猎物一旦被咬中，便无法逃脱。

西伯利亚虎的利爪能伸缩自如，每当它们靠近猎物时，会把爪子收起来，肉垫接触地面就不会发出任何声音，而当抓住猎物后，它们就能迅速伸出爪子，达到10厘米长，牢牢地将猎物禁锢在掌心。

西伯利亚虎拥有一双如炬的眼睛，只要被它盯上，你会瞬间不寒而栗。

老虎是一种领地意识非常强的动物，它们会利用尿液或分泌物来划定自己的势力范围。雄性老虎会待在自己的领地里捕捉猎物，哺育小老虎长大，一旦有其他的雄性老虎闯入这个领域，那么就会引起一场"你死我活"的厮杀。

华南虎是我国特有的虎种，曾经广泛生活在南方的山地森林里，它们也是老虎家族里体形较小的一类。和西伯利亚虎相比，华南虎的头又小又圆，耳朵短短的，尾巴长长的，这让它们看起来有点呆萌。不过，你可别被它们的外表所迷惑，华南虎是一种凶狠的食肉动物，野猪、野牛、鹿等大型动物都可能成为它们的腹中餐。

和其他老虎一样，华南虎也喜欢单独在夜间行动，它们的跳跃能力特别强，一旦发现猎物，能一下跳10米远，即便是奔跑能力很强的小鹿，也很难躲避它们的攻击。

华南虎是我国一级重点保护野生动物，也是世界红色濒危动物之一，由于在野外长久未发现华南虎，因此有些专家认为华南虎已在野外灭绝，只剩一些人工圈养的华南虎。

草原之王——狮子

一提到狮子，你会想到什么？是冷酷的双眼，还是茂盛的毛发？是迪士尼经典动画《狮子王》，还是草原之王的威武雄壮？

狮子的祖先在十几万年前就生活在地球上，那时它们还不是非洲大草原上"人见人怕"的对象。而现在，狮子已经是许多动物的首要天敌。

现存的狮子主要有两类：一类是非洲狮，一类是亚洲狮。

非洲狮广泛地分布在非洲大陆撒哈拉沙漠以南的，除热带雨林外的草原上。而亚洲狮目前只生活在印度古吉拉特邦的国家公园内，它们的数量只有几百只。

母狮的体形相较公狮要小一些，它们没有鬃毛，头也没有公狮的大，目光也更加柔和。母狮的责任是捕猎和哺育幼狮。

狮子是世界上唯一一种雌雄两态的猫科动物。

公狮的体形硕大，体长能达到3米左右，它们长着浓密的黑色或棕色鬃毛，从头部一直延伸到颈部、胸部。公狮的责任是交配和划分、保护领地。

和老虎不同，狮子是一种群居动物，它们没有固定的巢穴，在开阔的草原和荒漠地区利用自己的尿液来标记领地。有时候公狮也会用怒吼的方式，向其他狮子宣告这里是它的地盘。

狮子之所以被称为"草原之王"，是因为它们拥有致命"武器"——体形庞大，爪子也非常锋利，两对坚硬的牙齿挂在嘴巴的"门口"，一上一下两排细小、密集的牙填满了口腔。同时，狮子非常聪明，它们捕猎的方式有许多种，如埋伏、围猎、追捕等，此外，它们也会仗着"人多力量大"，抢夺其他动物口中的食物。

幼狮还会被母狮带在身边，学习如何捕猎，耳濡目染，它们从小就具备了不凡的本事。如果一头幼狮没有学会如何获取猎物，便会被逐出狮群。在这种"家庭教育"方式之下，它们逐渐能独当一面。

中国人崇尚狮子，狮子在古代被称为"狻猊"，中国很多地方盛行着舞狮文化，古人认为舞狮可以驱除邪魔，躲避鬼怪，所以每逢节日或开业，舞狮表演都会登台亮相。
现在，舞狮已经成了一项运动，各地还会举行比赛呢！

北极之王——北极熊

北极熊是北极地区最大的食肉动物，说它们是"北极之王"一点儿也不夸张。世界上最大的北极熊，体重可达 0.9 吨。在北冰洋和北极圈里的其他岛屿，以及其他极寒的地区，你都能发现它们的踪迹。

北极熊和棕熊是同族"兄弟"，长得极为相似，尤其是头部，都有着尖尖的嘴巴、小小的眼睛、一对灵活的耳朵。

北极熊的主要猎物是海豹，而海豹依赖着浮冰生存，喜欢在上面晒太阳休息。由于全球变暖，北极的冰川融化，海豹的数量也减少了，没有了食物来源，北极熊庞大的身躯就缺少了能量。

北极熊喜欢生活在被冰层覆盖的北极地区，平时就在浮冰上休息和捕猎。北极熊虽然会游泳，但并不能一直待在水里，所以，当气温上升、浮冰融化时，北极熊便会迁徙到更冷的地方。

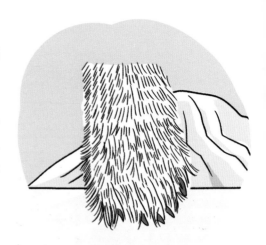

北极熊的爪子不能伸缩，会一直裸露在外边，而5个脚趾上的爪子能够帮助它们牢牢地抓住那些滑溜溜的浮冰。

捕猎时，北极熊会先观察海豹的呼吸孔，然后一直等到海豹露出水面的那一刻，再扑过去，用力大无比的前掌，将海豹拍晕、杀死。有时它们也会用浮冰做掩护，先从水底游到海豹身边，再迅速击中目标。

北极熊的毛发并不是白色的，而是透明的，是一根根微小管子，在阳光的照射下，毛发才会呈现出白色。

北极熊的厉害之处不止于此，它们还是最擅长冲刺的动物之一，时速能达到60千米，笨重的身体丝毫没有影响它们的速度，即便海豹奋力逃走，也无济于事。

北极熊还拥有灵敏的嗅觉，能在几千米之外嗅见猎物，然后慢慢靠近，最后伺机捕杀。

北极熊的数量曾一度减少，造成这一现象的最大原因是人类的过度捕杀。曾经生活在北极地区的人们，把北极熊当作食物，把它们的皮毛当作抵御严寒的工具。

1975年，国际保护北极熊的公约规定：严格控制买卖、贩运自然熊皮及其制品。北极的国家签署了公约，北极熊的非法猎杀才终于停了下来。

然而随着全球气候的变化，北极的冰川加速融化，北极熊的生存空间不断缩小，它们的生存环境受到极大的威胁。

第五章　我们不怕累

大雁

大雁属于鹅类，全世界一共有 9 种大雁，其中有 7 种都能在我国见到。

虽然大雁又名"野鹅"，但大雁跟家鹅的区别是很大的。各类大雁的体形都比家鹅修长，体重也比家鹅轻许多，最重要的是大雁具备一种家鹅无法拥有的能力——飞翔。

大雁是不知疲惫的"飞行家"，大约从每年的 3 月开始，整个春天大雁都会成群结队地挥舞着翅膀，从我国的南方飞往北方，而随着气温的上升，它会再次迁徙，飞到遥远的西伯利亚地区。等它们到达水草丰盈的湿地时，就会产卵、繁殖。

9 月初，北方的气温开始下降，大雁又会回到温暖的南方越冬，到 12 月，它们都会一直在路上。

领头的大雁是整个雁群的"队长"，它必须是一位经验老到、身体强壮的"长者"，因为它掌握着大雁行军的方向和速度。

大雁的翅膀又大、又长、又尖，是它们迁徙必不可少的工具。

虽然大雁每小时能飞行 68~90 千米，但它们也并不是一点儿都不觉得累，为了能在理想的时间内到达目的地，聪明的"队长"会利用自己不断上下摆动的翅膀，使周围的空气产生上升气流，身后的大雁就可以利用这股气流飞行，节省体力。这也是为什么大雁要排成"人"字形飞行。

不过，"队长"可不是铜头铁臂，当它累的时候，就会带着雁群到途中的湖泊、湿地等地方休息，喝一些水，捕食小鱼、小虾来补充体力。

有时，我们也能看见排成"一"字形飞行的大雁队伍，这是雁群减轻"队长"压力的表现。"队长"飞行了一定的时间，就会被替换下来休息，这时新的"队长"会顶替上去。

幼小的大雁和体弱多病的大雁会被安排在队伍的中间，这样方便雁群照顾它们，它们也能跟上雁群的"脚步"。

在雁群休息的时候，时常会有一只经验丰富的老雁充当"哨兵"，它会时刻警惕着周围的变化，一嗅到"敌人"的气息便会通知雁群，立刻起飞。

我国古代的诗人很喜欢以物言情，大雁就是他们最爱的寄情动物之一。不过，那时的古人认为大雁从富饶的南方迁徙到荒凉的北方，是一种令人感到悲怆的生物，所以他们常常把漂泊的自己比喻为大雁。

孤雁
【唐】杜甫
孤雁不饮啄，飞鸣声念群。
谁怜一片影，相失万重云？
望尽似犹见，哀多如更闻。
野鸦无意绪，鸣噪自纷纷。

大雁的大脑内部有一个"指南针"，这使它们能依靠地球的磁场来辨别方向。太阳也是大雁用来自我定位的重要工具。同时，由于大雁每年迁徙的路线都非常相似，因此，它们也会依靠山川、河流来确定位置。

蜜蜂

蜜蜂的体长为 8~20 毫米，它们有一对能帮助自己飞跃花丛的翅膀，还有一根会蜇人的"毒针"。

在昆虫界，蜜蜂算是最勤劳的动物之一了。我们熟知它们，是因为我们总能从它们那里获得甜甜的蜂蜜和营养丰富的蜂王浆。

蜜蜂们仍旧过着母系氏族的生活，每个蜜蜂家族都有一只蜂后，这只蜂后负责产卵繁殖后代，当然它也会发号施令，指挥工蜂为家族服务。

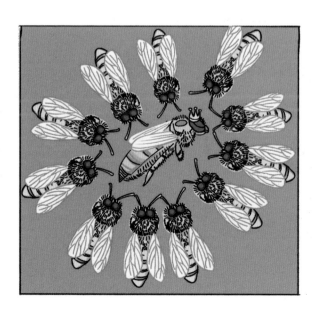

蜜蜂家族里最不怕累的就是工蜂了，它们数量庞大，不仅要负责蜂巢的建造，还要用自己体内高营养的蜂王浆喂养幼小的蜜蜂。

此外，工蜂还要负责完成采粉、酿蜜的工作，每酿一千克蜜，工蜂就需要采集 200 万 ~500 万朵花的花粉，大概相当于飞行 45 万千米，它们每小时能持续飞行 10~20 千米。

从春天到秋天，只要有花开的地方，我们总能看到工蜂的身影，它们忙碌不息。

有时，完成了采粉、酿蜜任务的工蜂，还要负责打扫蜂巢卫生的工作。当敌人来袭时，它们还要"拿"起身上的"毒针"，保卫蜂后和幼小的蜜蜂。

雄蜂唯一的职责就是同蜂后交配，当完成交配任务后，它们便会丧失生命。但不是每一只雄蜂都能完成"使命"，一些没被蜂后"看上眼"的雄蜂，逐渐养成了好吃懒做的习惯，这时，它们就会被崇尚辛苦劳作的工蜂赶出蜜蜂家族。

来回穿梭于花丛中的蜜蜂，并没有豪华的容器来携带采集的花粉，它们会将花粉沾湿揉成一团，夹在腿中央运回蜂巢。当花粉太多的时候，它们还会将全身沾满花粉，再用几条腿把花粉刮下揉成一团，挂在又宽又扁的后腿上运回家。

在许多地区，人们也会通过饲养蜜蜂来采集蜂蜜，供人享用。当要收集蜂蜜时，人们就会从一个个蜂箱中拿出一块块汇聚了蜂蜜的木板，将蜂蜜从上面刮下来。

驯鹿

驯鹿拥有一对像树枝一样的犄角,这对犄角又大又长,它们高高耸立在驯鹿的头部,非常美丽。

驯鹿的眼睛对颜色极为敏锐,同时它们的眼睛内还有一层叫作"反光膜"的东西,能将微弱的光线反射到视网膜上,因此驯鹿迁徙时,即便是在夜里,也能很清楚地看清路线,找到可口的食物,发现敌人的踪迹。

驯鹿拥有浓密的毛发,这让它们能够自由自在地生活在北美、北欧等寒冷地区。在迁徙时,驯鹿常常要从河里淌过去,身上的毛发能够增加浮力,保证它们平安上岸。

每年的 12 月 25 日是西方国家的圣诞节,传说每年这一天的前一晚,一位身着红色外套、留着白色胡须的老爷爷会架着驯鹿来到小朋友们身边,为他们送去最想要的礼物。

每年春天，驯鹿开始成群结队进行大迁徙。它们离开温暖的森林和草原，沿着往年的路线，翻山越岭，去更北、更冷的地方寻找食物、躲避炎热、繁衍后代。

石蕊是驯鹿非常喜爱的食物，它是一种地衣。驯鹿在越冬地区吃光这种食物后，就会往北迁徙，在更北的地方寻找石蕊，等到它们再回到这里时，石蕊又重新冒出了头。

驯鹿是陆地哺乳动物中迁徙距离最长的动物之一。来回的两次迁徙，让它们一年行走的距离能达到5000 千米。

驯鹿的蹄上藏着它们能够长途跋涉的秘密。它们的蹄上长着许多密集的刚毛。由于驯鹿会经常路过沼泽、雪地，这些刚毛能让它们穿透松软的地表，直接接触地面，从而减少体力的流失。

驯鹿在迁徙时，通常情况下并不会遇到天敌，但偶尔会遇到狼群，这时候驯鹿群就会跑起来，其他时候，它们总是匀速前进，且井然有序。

北极燕鸥

北极燕鸥拥有红色的长喙和双腿，衬着它们黑色的头顶和灰白色的身体，显得非常漂亮。

北极燕鸥喜欢吃海洋中的小鱼、小虾，以及其他甲壳类动物。在北极繁殖的时候，它们会吃陆地上的软体生物，有时候为了补充营养，还会吃一些浆果。

北极燕鸥每年从北极飞到南极再飞回来，行程数万里，所以它们具有非凡的飞翔能力。人类用智慧创造的飞机，每小时也只能飞行 1000 千米左右，而据科学家推算，一只北极燕鸥一生中至少要飞行 150 万千米。这需要足够的勇气和毅力，值得我们学习。

如果要在鸟中评选迁徙之王，那么一定是北极燕鸥。

每年的 6 月和 7 月，北极燕鸥会在北极的海洋上繁育后代，而当秋天结束、冬天来临时，它们又会举家迁往南极，在那里度过另一个夏天。

北极燕鸥是地球上唯一一种一生都生活在光明中的动物，当它们在北极繁殖、生活时，北极正值夏季，而当它们在南极越冬时，南极也到了太阳不落的极昼时间。

　　北极燕鸥是群居动物，它们总是成群结队地出现在冰面上、陆地上，而正是这种生存方式，让它们不到 40 厘米长的身体迸发出大大的能量。它们会发动群体攻击，一起保护幼鸟。貂和狐狸很喜欢偷吃北极燕鸥的鸟蛋，这时，北极燕鸥就会壮大声势，吓退它们。

　　即便是北极熊，也不敢轻易捕捉北极燕鸥。一旦北极熊对北极燕鸥造成威胁，千万只北极燕鸥就会立刻反击，它们尖锐的长喙会成为北极熊害怕的"武器"。

第六章 我们很聪明

黑猩猩

黑猩猩拥有超强的瞬时记忆力，它们可以用0.21秒的时间记住9个数字。

黑猩猩和人类拥有一个最近的共同祖先，因此我们99%的基因都是相同的。但在遥远的从前，黑猩猩和人类的进化出现了"分歧"，人类渐渐变成了我们现在的模样，而黑猩猩则成了最像人类的"兄弟"。它们生活在非洲的中部和南部雨林，会像人类一样拥有情绪，也会相互梳头、抓虱子以表达亲密。

因为和人类基因高度相似，黑猩猩的行为也和人类有相同之处。它们会捡拾石头、采集食物，还会一边喊叫一边捶胸顿足，驱赶敌人。

黑猩猩有时候还会扬起手臂做出扔石头的姿态，等到敌人被吓走之后，它们才悠然自得地放下石头。

黑猩猩会利用石头撬开坚果的外壳，获取里边的果实，而雌性黑猩猩会将这项技能毫无保留地教给黑猩猩幼崽。

黑猩猩和人类一样，
能够识别三原色。

黑猩猩虽然不像人类具备丰富的语言能力，但它
们会利用声音表达自己的情绪。黑猩猩幼崽会在雌性
黑猩猩没有满足自己需求的时候，发出嘶吼的声音表
示抗议，这是不是跟人类很像呢？

黑猩猩是会制造、使用工具的动物，它们甚至会利
用树枝将蚂蚁从蚁穴里掏出来，再吃掉。

珍妮·古道尔博士被称为"黑猩猩女
王"。她是一名生物学家，也是一名科学
家，她在人类对黑猩猩所知甚少的时候，
独自一人前往非洲的贡贝雨林，和黑猩猩
同吃同住，模仿它们的行为，研究它们的
生活习性。她让人类知道，人类并不是自
然界唯一一种会加工并使用工具的动物。
她也发现了黑猩猩群体存在"人类"般的，
为争权夺利而"手足相残"的行为。她还
证实了黑猩猩也有喜、怒、哀、乐的情绪，
并且全身心地投入到了保护黑猩猩和环保
的事业中。

海豚

海豚是海洋世界最常见的动物之一，它们分布在世界各大海洋里，我们在入海口、近海、深海都能见到它们的身影。海豚身体的颜色各异，有白色的、粉色的、黑色的、灰色的、棕色的。

和人类一样，海豚是靠肺呼吸的，所以它们并不能像靠鳃呼吸的鱼儿一样，长期待在水里，必须时不时跃出海面呼吸新鲜空气。
海豚一次吸气储存的空气能让它们在海底驻留 30 分钟，所以它们是肺活量超大的动物。

有时，我们发现海豚会出现在渔船的周围，其实这是它们获取食物的方式之一。前行的渔船会卷、带起海里的鱼、虾，海豚只要张开大口，就能"不劳而获"。同时，渔船行进会形成海浪，能让海豚游泳时节省不少力气。

海豚是群居生物，具有人类尊老爱幼的思维。当一些年老的、年幼的，以及生病的海豚不能及时来到海平面呼吸时，年轻力壮的海豚就会顶着这些海豚，把它们推出海面，帮助它们换气。

小贴士

海豚不会咀嚼食物，它们是整吞食物的
动物。它们有两个胃，一个负责消化，
一个负责储存食物。

根据科学家的研究证明，海豚是智商超高的动物，一只成年海豚的智商
相当于 6~7 岁儿童的智商。

像人类靠语言交流一样，海豚也通过自己的语言——声波，进行交流。
当海豚在水下游动时，呼吸的空气会让呼吸孔盖口和瓣膜结构高频震动，
最后在共鸣室的辅助下放大成高频声波。

这些高频声波就像人类语言的单词，在不同的时间、地点，发出不同的
频率，就能代表不同的意思。

海豚还能利用超声波辨别方向、
捕捉猎物。它们在寻找到目标后，
会发出低低的轰隆声，受到惊吓的
猎物或呆住，或晕眩，这时海豚就
能大快朵颐，享受美食。

海豚是捕捉猎物的"排兵布阵"
大师。它们会围成一个圈，由一只
海豚将猎物往圈内赶，最后来一个
"瓮中捉鳖"。

海豚还是一种会利用工具的动
物。在海底捕猎时，海豚常常遇到
会释放毒针或毒液的动物，这时它
们便会把一块海绵顶在嘴上，这样
既能防止中毒，也能让自己的长嘴
在戳到海底的沙砾时免受伤害。

鹦鹉

鹦鹉，是人们喜爱的宠物之一，它们不仅长得漂亮，还冰雪聪明，拥有一口好"口技"。

长得与鸽子很相似的非洲灰鹦鹉，是最聪明的鸟儿之一。它们生活在非洲，其智商能够和六七岁的儿童媲美，它们最擅长模仿，不仅能模仿人类的语言、声音，还能模仿其他鸟类的叫声。

因为被全世界人类喜欢，导致大量的非法捕猎层出不穷，非洲灰鹦鹉已经作为濒危物种被列入《世界自然保护联盟濒危物种红色记录》。

鸽子

牡丹鹦鹉就像人类一样，是成双成对的，"夫妻俩"总是形影不离。它们是鹦鹉界体形最小的，但十分美丽，翠绿色的羽毛裹满全身，头部有的点缀红色的羽毛，有的点缀黄黑色的羽毛，让它们看起来格外冷峻。

牡丹鹦鹉虽然身材矮小，但拥有聪慧的大脑，除了能模仿人类说话，它们还能学习人类的行为，如利用木头拾取食物。

如果你要喂养牡丹鹦鹉，那么一定要记得成对饲养，否则被称为"爱情鸟"的它们是很难独活的。

虎皮鹦鹉原本来自澳大利亚，现在已变成一种深受中国人喜爱的鹦鹉，它们金黄的、嫩绿的、天蓝的羽毛，看起来清新又高雅，而最讨人喜欢的，是它们能快速学习人类教授的技能，甚至还能自己戳破袋子获取食物。它们会在出门后准时飞回家，准时吃饭，再飞出去。它们还能分辨出人类是敌是友，更亲近对它们友好的人类。

金刚鹦鹉是体形最大的鹦鹉，它们原产自美洲的热带雨林。色彩艳丽是它们的标志，红色、绿色、黄色、蓝色……各种各样的颜色堆砌在它们身上，脸上也布满了花纹，它们是丛林里最亮丽的风景线。

金刚鹦鹉不仅拥有美貌，还非常聪慧机敏。金刚鹦鹉是群居动物，它们能标记领地，用家族的力量守护家园。它们的学习能力非常强，不仅能模仿声音，还会开门、开水龙头。

更神奇的是，金刚鹦鹉不仅能模仿人类的语言，还能模仿其他乐器的声音，甚至能模仿汽车的声音呢！

小贴士

中国有一个成语叫"鹦鹉学舌"，意思是别人怎么说，自己就怎么说。它出自宋代释道原的著作《景德传灯录·越州大殊慧海和尚》："如鹦鹉学人语，话自语不得，为无智慧故。"

第七章　我们是"医生"

啄木鸟

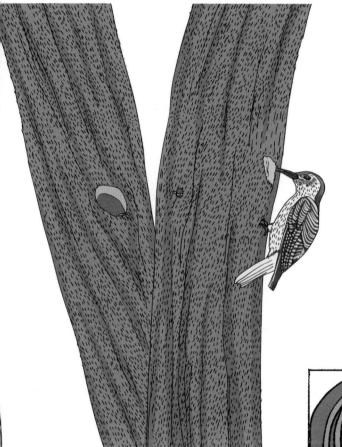

许多树木都会因为害虫的侵害而生病，它们的树干会逐渐被害虫掏空，最后发生病变，而啄木鸟会围着树干转来转去，就像一个经验丰富的医生，在对病人"望、闻、问、切"。

在听到异常声音的时候，啄木鸟就会停下来，在那个位置戳一个洞，将隐藏在树里的害虫一网打尽。

啄木鸟是森林里最常见的鸟儿之一，它们被誉为"森林医生"，是一种会自己凿开树洞，在洞里建巢、繁殖的动物。

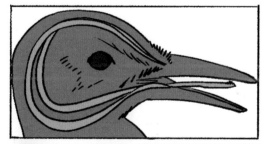

啄木鸟有着尖尖的喙，它并不长，但足够坚硬，能够支持啄木鸟不断地敲打树木，发出"咚咚"的声音。

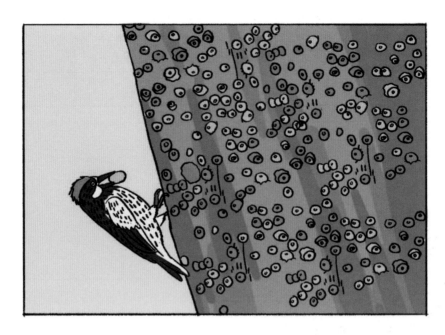

虽然大多数啄木鸟是解决树木生病问题的良医，有一种啄木鸟却是"坏东西"。它们就是爱打洞、爱存粮的橡树啄木鸟。

栖息在美洲的橡树啄木鸟以橡树的果子为食物，有时候也吃一些其他坚果和昆虫。它们非常喜欢储存粮食，会在树干上戳许多的小洞，将捡拾的果实一个一个地塞进去。

不过，你也别太担心这些树木，橡树啄木鸟一般会选择枯树、死亡的树木作为储备粮食的"仓库"，所以它们的行为对森林不会造成太大的伤害。

啄木鸟具有强大的喙，平均一天可以戳10 000次以上树干，而啄木鸟的脑部构造十分独特，几乎没有脑脊液，并且它们的舌头很长，绕着头骨"缠"了一圈，能够让它们在敲击树木时减少震动，同时，啄木鸟每一次敲击的位置都略有不同，所以它们并不会在打洞的过程中得"脑震荡"。

青蛙

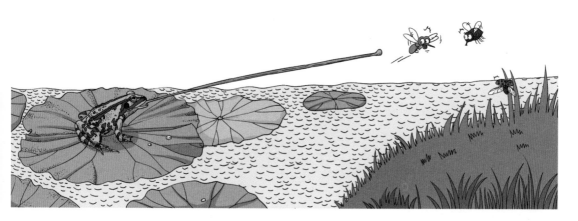

　　如果啄木鸟是森林的"医生"，那么青蛙就是湿地的"医生"，青蛙是典型的两栖动物，既可以生活在水里，又可以生活在陆地上。

大多数青蛙在夜间活动，蚊子、苍蝇等昆虫是它们最喜欢的食物，有时候，它们也吃一些"素菜"。

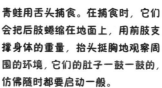

青蛙用舌头捕食。在捕食时，它们会把后肢蜷缩在地面上，用前肢支撑身体的重量，抬头挺胸地观察周围的环境，它们的肚子一鼓一鼓的，仿佛随时都要启动一般。

当一只蚊子飞过时，青蛙会迅速用力地往前一跳，并伸出它们带着黏液的舌头，将猎物卷进嘴里。

很快，你就能看见青蛙又重新回到原地，这就是它们不断跳来跳去的原因。

青蛙时常生活在农田里，而蚊子、苍蝇、蛾子、稻飞虱等害虫会给农作物的生长带来伤害，青蛙总是帮农民伯伯除去这些害虫，它们不是"医生"是什么呢？

假设一只青蛙每天能吃掉70只害虫，那么算一算，一只青蛙一年能吃掉多少害虫呢？

青蛙虽小，却是大自然的生态系统里最不可或缺的一环，可是人类非常喜欢食用它们。其实野生的青蛙如果没有经过处理，身体里会有不少残留的农药、毒素，甚至寄生虫，人类食用了之后，会很容易生病，所以让我们一起对食用野生动物说"不"！

七星瓢虫

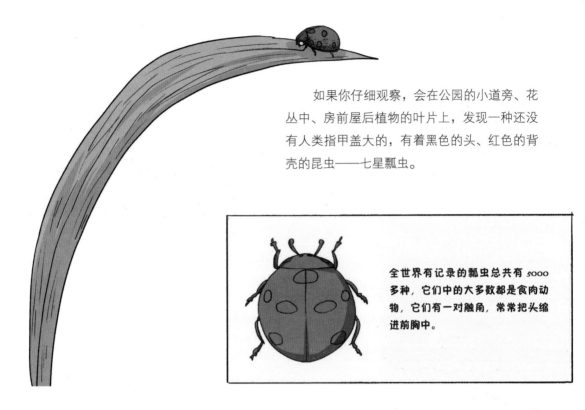

如果你仔细观察，会在公园的小道旁、花丛中、房前屋后植物的叶片上，发现一种还没有人类指甲盖大的，有着黑色的头、红色的背壳的昆虫——七星瓢虫。

全世界有记录的瓢虫总共有5000多种，它们中的大多数都是食肉动物，它们有一对触角，常常把头缩进前胸中。

蜜虫是吃白菜、芥菜、甘蓝等蔬菜的害虫，它们会啃食菜叶，使叶片枯萎。而棉蚜虫会让棉花的叶片蜷缩、长满霉菌。介壳虫最喜欢潜伏在果树的叶片上，它们会使果树叶片发黄、枯萎，更会产生病菌，最后使果树死去。

七星瓢虫是这几类害虫的天敌，它们会躲在隐秘的角落里，对这些害虫给出致命一击，捕食这些害虫。单只七星瓢虫的成虫，平均每天可捕食100多只蚜虫，其庞大的家族，可让农作物里的害虫无处遁形。七星瓢虫真可谓农作物的"天然农药"。

虽然七星瓢虫的平均寿命不到100天，但它们具有超强的繁殖能力，例如在澳洲，七星瓢虫一年能繁殖七八代，平均每只雌性七星瓢虫能产卵280颗，可以说是"生子大户"。

| 蜜虫 | 棉蚜虫 | 介壳虫 |

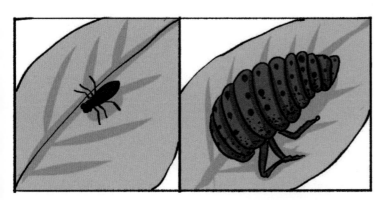

七星瓢虫的一生总共要经历卵、幼虫、蛹和成虫4个阶段，每个阶段都分别有不同的形态，当它们"成年"后，会拥有一对红色的、坚硬的翅膀，上面长着7个小黑点，这也是它们"七星瓢虫"名字的由来。平时它们会将翅膀收起来，但当要捕捉食物或躲避灾难时，就会像扇子般打开这对翅膀。

大部分瓢虫都是益虫，那么有对农作物有害的瓢虫吗？当然有。二十八星瓢虫就是其中一种。

这种瓢虫背上有 28 个黑点，二十八星瓢虫因此而得名。它们会一点一点地蚕食叶片，只留下叶脉，茄子、土豆、大豆等蔬菜是首当其冲的农作物。

蜻蜓

蜻蜓身体修长、灵敏动人，是水塘、小溪、大河等湿润环境中最常见的昆虫，它们的体长只有 30~90 毫米，大大的头后边拖着一个长长的身体，背上还有两对一长一短的翅膀，3 对足前后并排在胸部。

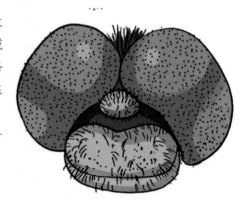

蜻蜓是大自然里的"千里眼"，它们头部大大的复眼就是"火眼金睛"，每只复眼里都包含成千上万只小眼，这些小眼能够让蜻蜓看清 6 米内各个角度的景象，不仅方便蜻蜓捕食，还能让它们飞快地从危机中逃走。

蜻蜓的大眼睛不仅拥有开阔的视野，还是一台"计算机"，能够测算出目标物体移动的速度，从而使蜻蜓在捕捉猎物时轻松又敏捷。

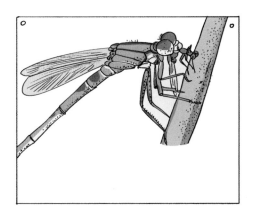

蜻蜓是一种典型的益虫，它们以蚊子、苍蝇等害虫为食，在测算好猎物的速度后，它们会飞快地扑过去，将猎物抓在腿上。有蜻蜓在，害虫就无处遁形，所以蜻蜓也是农作物的"卫士"。

蜻蜓的嘴具有超强的撕咬能力，当它们抓住猎物后，会用嘴以很快的速度撕碎猎物的身体。同等体形的猎物，蜻蜓只需要 30 分钟就能全部吃进肚中。

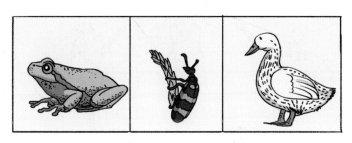

蜻蜓虽然是厉害的飞行家，但不能躲避青蛙、鸭子等动物的攻击，有时鸟儿也会将它们吃进肚子，所以在"行走江湖"的时候，蜻蜓还是得小心一点！

蜻蜓能够轻松地捕食目标，关键在于它们的翅膀每秒可以振动 30~50 次，蜻蜓每小时可以飞行 40 千米，绝对称得上是动物界的飞行高手。

蜻蜓的翅膀还自带"避震器"——翅痣，如果没有了这小小的翅痣，蜻蜓飞起来就会像无头苍蝇一样，摇摇晃晃。

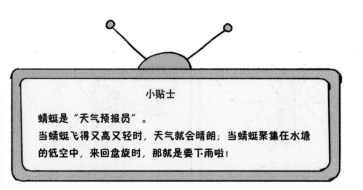

小贴士

蜻蜓是"天气预报员"。

当蜻蜓飞得又高又轻时，天气就会晴朗；当蜻蜓聚集在水塘的低空中，来回盘旋时，那就是要下雨啦！

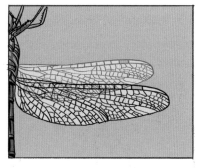

赤眼蜂

赤眼蜂是一种寄生类的昆虫，它们拥有红色的眼睛，体形非常小，只有 0.5~1 毫米长，如果你经过它们身边，一定会忽视它们。但对农作物来说，它们的确是必不可少的存在。

赤眼蜂会将卵产在害虫的虫卵内，等它们的卵长成幼虫之后，就会以害虫虫卵的肉汁为食物。当幼虫变成虫蛹之时，害虫虫卵的肉汁就会被吸食干净。而当赤眼蜂的虫蛹羽化成虫后，就会从害虫干涸的虫卵壳里钻出来。

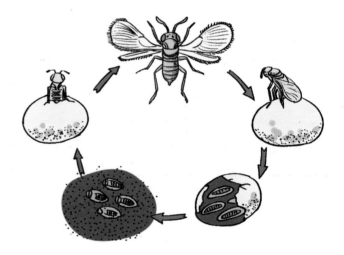

不同的农作物需要不同的赤眼蜂来防治害虫，所以农民伯伯会从早春开始，在不同的农田里投放不同的赤眼蜂，它们的防治效果堪称"天然农药"，不仅可以使农民伯伯增收，还能保证食用者的身体健康。

玉米螟赤眼蜂

稻螟赤眼蜂

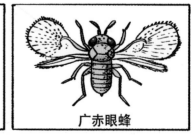

广赤眼蜂

第八章　小小歌唱家

百灵鸟

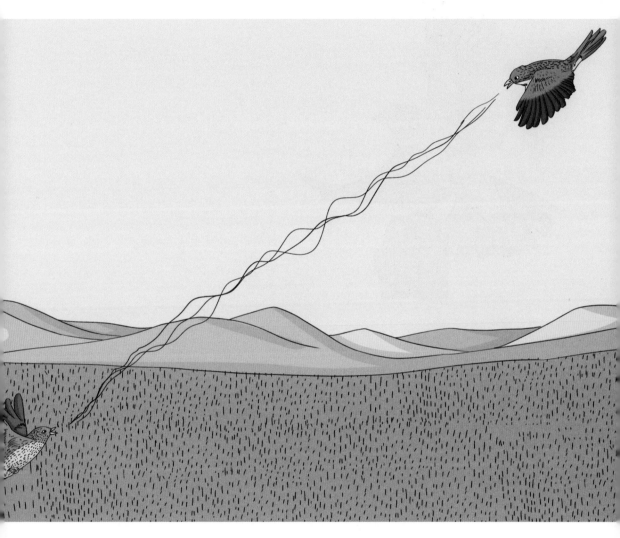

　　百灵鸟喜欢生活在干旱、广阔、植被不高大的环境中，因此草原就成了它们最喜欢居住的地方。

　　百灵鸟的体形非常小，从头到尾也只有不到20厘米长。雄性百灵鸟的头比较大，眼睛也炯炯有神，长在嘴角的上面。雌性百灵鸟的眼睛比较小，和嘴长在同一条直线上。

如果要形容一个人唱歌很动听，我们会将他比喻为百灵鸟。这是对他由衷地表扬，也是对百灵鸟歌声的肯定。作为草原上最常见的鸟儿，百灵鸟会一边飞行一边发出鸣叫，它们的叫声时而委婉，时而清亮，时而高亢，时而低沉。

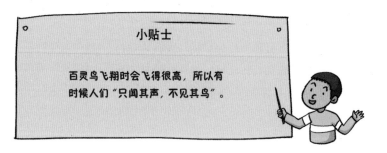

百灵鸟可不是为了娱乐才展示自己的歌喉的，广阔的草原是它们遨游的舞台，它们常常会飞得很高，彼此之间需要用这样响亮的鸣叫来传递信息。

此外，百灵鸟还是一个模仿高手，它们可以参照其他鸟儿和小动物的声音发声。

在我国，百灵鸟常常居住在内蒙古宽广无垠的大草原上。传说每有一只百灵鸟啼叫，就会有一个新的生命诞生在世间。成吉思汗是元朝的开国皇帝，他开疆扩土、整顿朝政。据说在他出生时，有一只五彩斑斓的百灵鸟站在巨石上唱歌。

小贴士

百灵鸟飞翔时会飞得很高，所以有时候人们"只闻其声，不见其鸟"。

柳莺

柳莺是很常见的鸟儿，体形非常迷你，比麻雀还要小，体长只有 10 厘米左右。柳莺的种类繁多，广泛分布在东南亚和中国的丛林里，它们身躯虽小却蕴含着大大的能量。柳莺的"歌喉"可是一绝，当你走进丛林中，会立刻置身于柳莺的世界，它们时而啼叫，时而飞舞，时而蹦蹦跳跳。

黄眉柳莺是最常见的一种柳莺，它们整体的颜色并不鲜艳，呈现出黄绿色，只在眼睛和头部的中间有一条黄色的纹路。从高海拔的森林到低海拔的森林，从房前屋后到田野村落，它们可能出现在任何地方。"ju""juju""jujuyi"……黄眉柳莺总是发出又细又脆的叫声，这是它们和同伴之间沟通的方式，也是表达情绪的方式。

海南柳莺生活在中国海南省的热带雨林中，和其他柳莺一样，它们虽然身材娇小，但是全身颜色艳丽，看起来嫩黄嫩黄的。海南柳莺的叫声短而高亢，就像它们华丽的外表一样，多变又精彩。

四川柳莺的外表虽然和黄眉柳莺、黄腰柳莺极为相似，但四川柳莺的叫声与其他柳莺大不相同。它们总是单调地重复着一个音节，每次鸣叫都会持续 1 分钟左右。

峨眉柳莺身体的颜色不像海南柳莺那样艳丽，它们的身体的上半部分是灰绿色的，腹部是白色的，眼角的花纹颜色也很浅，看起来非常不起眼，但它们的叫声很有特点。峨眉柳莺的叫声十分轻柔，清晰的同时带着颤音，如果你在峨眉的雨林里，可以试着找找它们的踪迹。

黄鹂鸟

　　黄鹂鸟又叫"黄莺"，它们全身的大部分羽毛是黄色的，只有一对翅膀和尾巴像被染成了黑色，头上有一条宽宽的黑色花纹，就像在眼睛上蒙了一条黑布，看起来又飒又奇特。

　　黄鹂鸟是古人最喜欢的鸟儿之一。它们婉转的叫声有一种悲凉之感，使得许多诗词文人都寄情于它们。

清平乐·春归何处
【宋】黄庭坚
春归何处？寂寞无行路。若有人知春去处，唤取归来同住。
春无踪迹谁知？除非问取黄鹂。百啭无人能解，因风飞过蔷薇。

查一查，这首词表达了什么情感呢？

秋思
【唐】李白
春阳如昨日，碧树鸣黄鹂。
芜然蕙草暮，飒尔凉风吹。
天秋木叶下，月冷莎鸡悲。
坐愁群芳歇，白露凋华滋。

想一想，李白为什么要写下这首诗？

　　黄鹂鸟的叫声极其悦耳，当心情很好时，它们会发出清脆、有节奏的叫声，你只需要静静地待着，就能感受到空灵婉转的鸟叫声穿过耳朵，传递到大脑，这时你会觉得全身都放松了。

　　当黄鹂鸟受到惊吓时，它们的叫声会变得杂乱无章，如果发出又粗又重的叫声，那就是它们在警告敌人。

　　所以，如果我们碰见它们，千万不要试图捕捉它们。不打扰，才是欣赏黄鹂鸟"唱歌"的最好方式。

蝉

在炎热的夏天，即便关上窗户和房门，我们仍然能听到户外一阵一阵的叫声。你是不是也为这从早晨到晚上都不间断的叫声感到烦躁过呢？你又是否好奇过：是谁制造出了这此起彼伏的"夏日之声"呢？

其实，如果你走出房间，就会发现越往树木丛生的地方去，这类鸣叫声就越响亮。它们可不是什么可怕的事物发出来的声音，这是"蝉"发出的"鸣叫"。如果你仔细听，就能听出这些鸣叫声是有规律的，听起来很像"知——了"，这也是为什么蝉又被叫作"知了"。

世界上已知有 2000 多种蝉，其中生活在中国的有 200 种左右。

大多数蝉会在夏季高声唱歌，但有一种蝉在天冷时会发出低微的声音，它们就是寒蝉。

寒蝉身材矮小，翅膀透明，全身呈现出青色，绿色和黄色的斑点点缀着它们的后背。因为它们总是在晚秋发声，"歌声"悲切，所以中国古代的文人常常借用它们来表达悲伤的情感。

北宋著名词人柳永的传世经典《雨霖铃·寒蝉凄切》里就写道："寒蝉凄切，对长亭晚，骤雨初歇。"想象一下，傍晚在一场急促的雨后，一个人坐在长亭里，只听见呜咽的寒蝉声。这是多么孤独呀！

在很小的时候，蝉宝宝被妈妈产在树枝里。可是它们的父母等不到它们长大，就会很快死去。

到了第二年春天，这些像米粒一样的卵就会孵化成幼虫，倔强地从枯树枝里钻出来，并随着地心引力掉入泥土中，它们快速地寻找到柔软的土壤，把自己藏起来，以防遭遇天敌的攻击。

蝉一旦将自己埋入地下，就会蛰伏2~3年，它们吸食树根的汁水，等待着破土而出，之后它们就要经历人生中最重要的时刻——脱壳。

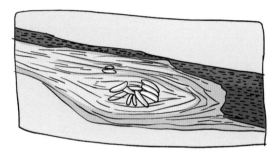

这个时期的蝉被叫作老熟幼虫，当它们的外壳从头、胸部分裂开后，这些幼蝉就会从中爬出来，沐浴在阳光下，展开自己的翅膀，完成蜕变，成为一只真正会飞的蝉。整个过程不会持续太久，只有1~3小时，所以如果你想看到蝉脱壳，就需要一点点运气了。

蝉蜕下的壳是一种珍贵的中药材，它富含甲壳素、蛋白质、氨基酸等，具有治疗风热、咳嗽、咽炎的作用。现在不少地方还有食用蝉的习俗，比如在中国的云南省，酥炸蝉就是一道美食，你敢不敢尝试呢？

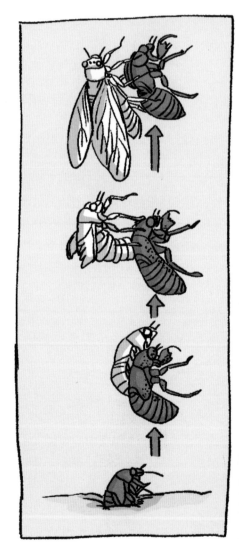

金蝉脱壳

金蝉脱壳是我国的一个成语，它的本意是指蝉在脱壳后，蝉飞走了而蝉衣还挂在枝头。现在这个成语比喻在危急时刻利用假象脱身，令对方无法发觉。

虽然幼虫要经历 2~3 年的蛰伏期才能羽化成蝉，但在成为一只真正的蝉之后，它们只能存活 20 天左右。

在美国有一种蝉，可以在地下蛰伏 17 年之久，还有一种蛰伏 13 年的蝉，它们都是蝉族的"老寿星"。

蝉长什么样呢？它们有一对大大的透明翅膀，头部很宽，像"大头娃娃"。长长的身躯分为 3 个部分：前胸、中胸、后胸，每个胸部都有 1 对足。成年蝉会长到 2~5 厘米，和人类相比，它们实在是太迷你了。

小小的身体，却蕴含着大大的能量。蝉的"歌声"高亢响亮，不过你可别被它们误导了，其实蝉并不是通过喉咙、嘴巴发出声音的，它们的腹部有一对鸣器，看起来很像覆盖着鼓膜的大鼓，当鼓膜内部的肌肉伸缩时，就会产生声波，从而发出响声。你可能问：肌肉伸缩频率多高，才会引起共鸣、产生声波呢？蝉的肌肉伸缩频率可以达到每秒 10 000 次左右。

为什么蝉要发出这样嘹亮的声音呢？其实这是雄性蝉吸引雌性蝉的方式，在它们交配后，雄性蝉会慢慢死去，而雌性蝉在产完卵后也会死亡。

第九章 天生"伪装者"

竹节虫

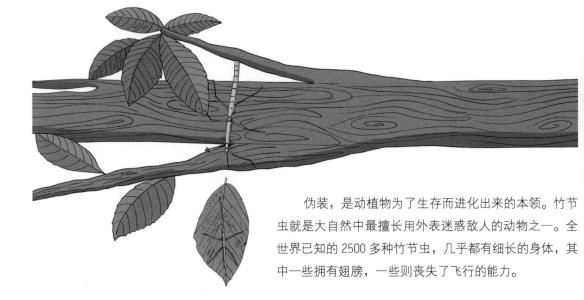

伪装，是动植物为了生存而进化出来的本领。竹节虫就是大自然中最擅长用外表迷惑敌人的动物之一。全世界已知的 2500 多种竹节虫，几乎都有细长的身体，其中一些拥有翅膀，一些则丧失了飞行的能力。

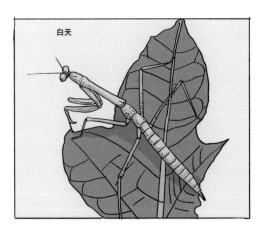

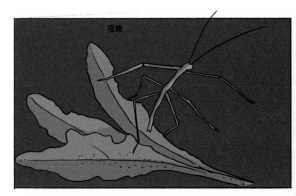

　　竹节虫能够根据光线、温度、湿度的变化而改变身体的颜色，可以说它们是一种能完全融入周边环境的动物，这也是生性温和的竹节虫保护自己的最主要的方式，它们的天敌——鸟儿、蜥蜴等很难靠肉眼锁定它们的位置。

竹节虫整个身体通常只有一种颜色，这种颜色和依附的植物颜色非常相似。同时，它们会用自己的身体模仿植物的形状，甚至紧紧地贴在上面，即便是有经验的当地居民，也很难发现它们的身影。

另外，竹节虫一旦确定了依附的对象，便不会轻易动弹，"以不变应万变"，这也是它们躲避敌人的方式。

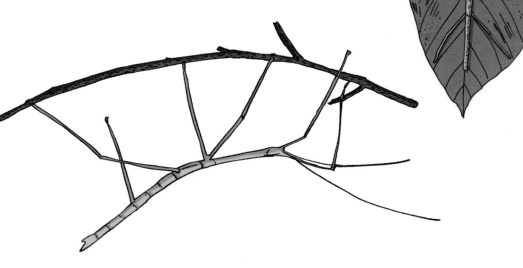

竹节虫的 1 对前足相对短小，另外 2 对足分列在身体的中、后段。当竹节虫依附在植物上时，3 对足会伸展开来，牢牢地抓住植物。竹节虫喜欢生活在潮湿的森林中，有了这 3 对足，即便下大雨、刮风，它们也不会轻易掉落。

在遇到危险时，有的竹节虫为了自保会将自己的足"割掉"，只留下身体迅速逃走，在到达安全的地方后，它们的足又会慢慢地长出来。

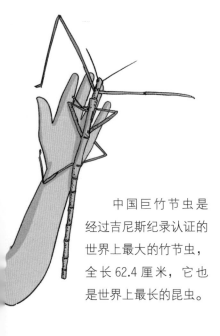

中国巨竹节虫是经过吉尼斯纪录认证的世界上最大的竹节虫，全长 62.4 厘米，它也是世界上最长的昆虫。

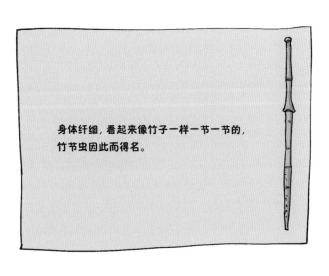

身体纤细，看起来像竹子一样一节一节的，竹节虫因此而得名。

枯叶蝶

居住在东亚和东南亚的枯叶蝶，是雨林中最常见的动物之一。它们常常栖息在树干和树叶上。

和竹节虫一样，枯叶蝶也是因外表而得名。它们不仅大小跟树叶基本一样，连形状也十分接近枯萎的树叶。

一些枯叶蝶的翅膀上还长着这样的花纹，它们像不像生了病的枯树叶呢？

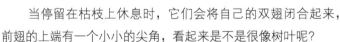

当停留在枯枝上休息时，它们会将自己的双翅闭合起来，前翅的上端有一个小小的尖角，看起来是不是很像树叶呢？

大大的翅膀将它们的身躯完全覆盖了，中间那条贯穿背部的线，就像枯树叶的叶脉，就连翅膀锯齿状的边缘也和枯树叶极为相似。两根下唇须合在一起，拖着望向远方的头，就像枯树叶的叶柄一般。

大部分时候，枯叶蝶会处于静态模式。当觅食时，它们会不停地飞来飞去。当遇到危险时，它们则会到处乱窜，迅速地找到最近的枯萎树叶丛，一头埋进去，收起自己的翅膀，伪装在其中，试图躲过敌人的追击。

枯叶蝶喜欢吃的食物非常特别，它们喜欢以腐烂的水果、动物的粪便等为食。

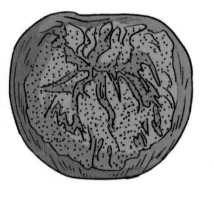

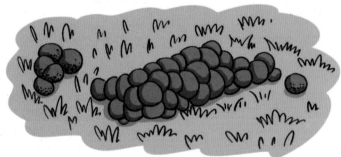

枯叶蝶的"鼻子"长在触角上，可它们的"舌头"却长在腿上，当进食时，它们会先用腿尝尝味道，再用长喙享用食物。

枯叶螳螂

在马来西亚的雨林里，生活着和枯叶蝶一样把自己伪装成枯树叶的螳螂，它们是一种中型昆虫，有7~9厘米长，和人类男性普遍比女性高大不同，雄性枯叶螳螂要比雌性枯叶螳螂短小得多。

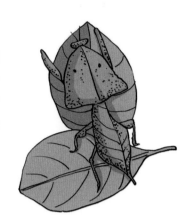

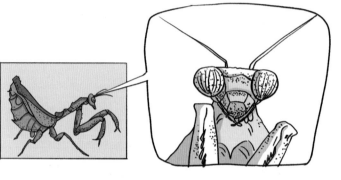

枯叶螳螂有一对和蜻蜓一样的明亮复眼，它们高高地挂在灵活的倒三角头上。这对复眼能帮助枯叶螳螂在稍纵即逝的时间里，看清周围的情况，随时躲避敌人。

枯叶螳螂全身只有一种颜色——黄棕色。当从上往下观察它们时，你会发现它们有一个像枯树叶的腹部，当它们将翅膀收拢时，就更像一片展开的枯树叶了。不仅如此，枯叶螳螂的腿长长的，和树叶的叶柄十分相似，如果从旁边路过，你一定发现不了它们的"庐山真面目"。

枯叶螳螂喜欢吃蟋蟀、苍蝇等昆虫。平时，它们会待在枯树叶或枯树干的旁边一动不动，当它们感到危险时，会立刻掉落在地上，用"装死"来逃避敌人的攻击。

兰花螳螂

在马来西亚的雨林里，不仅生活着枯叶螳螂，还生活着一种长得非常迷人的螳螂——兰花螳螂。它们不仅身形像马来西亚的兰花花瓣，全身的颜色也和马来西亚的兰花非常契合，达到了难以分辨的地步。正因如此，兰花螳螂成了一种非常具有观赏价值的螳螂。

兰花螳螂被誉为进化得最完美的动物之一，作为和兰花共存的生物，它们的形状和颜色已经进化得跟兰花一模一样，当凝视它们时，你甚至都会怀疑它们透光的腿是否会像兰花一样软。

兰花螳螂并不是一出生就这么美丽，其实它们刚出生时是暗红色的，第一次蜕皮到成虫之前，身体的颜色才会犹如白色或粉色的兰花，成虫之后，身体的颜色又会发生变化。

兰花螳螂的寿命只有一年左右，不过人类已经掌握了兰花螳螂的繁殖技术，现在它们也作为宠物被出售。

据科学家研究，兰花螳螂之所以进化成我们现在看到的美丽模样，是因为它们的猎物是授粉的昆虫，如蜜蜂、蛾子等。兰花螳螂的祖先不断地改变体形和颜色来迷惑这些昆虫，等到这些昆虫靠近时，它们就能一击即中。

第十章　空中"战斗机"

猎隼

在大自然中，鹰、隼、鸮被称为"猛禽"。广泛分布在欧亚大陆的猎隼，喜欢生活在平原、干旱的草原、荒漠，以及浅山的丘陵等地方。它们健壮而有力量，攻击性极强。

鼠类、鸟类、蜥蜴类等都是猎隼的捕食对象，但它们的胃口远不止于此。虽然猎隼全身只有不到 80 厘米长，但它们会挑战性地攻击体形较大的哺乳动物，如瞪羚。

猎隼拥有尖锐的翅膀，这使得它们具有超高的飞行能力。它们时常在 15~30 米高的空中翱翔，有时候也会飞到数十千米远的地方去寻找猎物。

当确定目标后，它们就会先悄悄地飞行到猎物的上方，然后将自己的翅膀收拢，同时收缩肩膀和头部，以每秒 180 米的速度向下俯冲，风驰电掣般地到达猎物面前。

猎隼有一对锋利爪子，能够让它们在俯冲靠近猎物的一瞬间，精准并牢固地抓住猎物。同时，这对爪子又是致命的"武器"，可以对攻击猎隼的小动物产生威胁。

锐利的眼睛，能使它们在疾行的过程中，更好地寻找到猎物，并精准地捕捉到猎物。

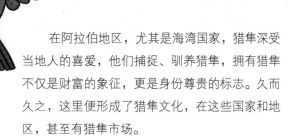

在阿拉伯地区，尤其是海湾国家，猎隼深受当地人的喜爱，他们捕捉、驯养猎隼，拥有猎隼不仅是财富的象征，更是身份尊贵的标志。久而久之，这里便形成了猎隼文化，在这些国家和地区，甚至有猎隼市场。

在中国，猎隼是国家一级重点保护野生动物，任何盗猎的行为都是违法的，但仍然有不法分子为了金钱而捕杀、走私猎隼，这种行为是要被坚决制止的。

金雕

　　金雕，被称为"猛禽之王"，成年金雕从头到尾能有 1 米左右长，张开翅膀的时候，其翼展能达到 2.5 米左右长。

　　这对大翅膀是大自然赐予金雕的礼物。有了这对翅膀，金雕能在高空中以每小时 30~50 千米的速度飞行。绝佳的视力是它们捕捉猎物的辅助"武器"，在锁定目标后，金雕会以迅雷不及掩耳之势俯冲下去，猎物往往来不及反应，就已经被它们的巨爪抓住——金雕俯冲的最快时速能达到 300 千米呢！

金雕的食谱相当丰富，兔子、老鼠、松鼠、狐狸，甚至体形非常大的狍子都能成为它们口中的食物。金雕抓住猎物的一瞬间，它们的爪子会刺穿猎物的头部，让猎物立刻毙命。

目前，金雕在全世界的数量非常多，但它们在中国已经被列为国家一级保护动物。虽然金雕异常凶猛，但也惧怕人类的猎枪。尽管中国已经出台了法律保护这种野生动物，仍然有无耻之徒想利用它们牟取暴利。为了能让金雕在天空中自由翱翔，我们必须坚决反对非法盗猎！

金雕生活在北半球的森林、草原及河谷地区，它们虽然看起来和猎隼相似，但除了体形比之大一号，金雕还拥有褐色的羽毛及脖颈处金黄色的羽毛，这也是它们得名的原因。

角雕

角雕是猛禽中的"巨物"，体长在 100 厘米左右，几乎是成年人身高的一半。当它们将翅膀展开时，翼展远超人类的臂展。

这种"巨物"是美洲的独有生物，分布在阿根廷、巴西、哥伦比亚、哥斯达黎加等国家。

40 米

角雕在繁殖时需要将巢穴建在距离地面差不多 40 米的超大树枝上，因此，茂密的热带雨林是它们栖息的绝佳地。

随着近年来乱砍滥伐而导致的雨林面积的萎缩，以及过度的猎杀，角雕的数量急剧减少。2012 年，角雕已经被世界自然保护联盟列为易危物种。

虽然从正面看，毛茸茸的角雕看起来"萌萌的"，但只要你从侧面看它们，就能瞬间感受到它们眼神的犀利。"异于常人"的视力，能够让角雕在捕捉猎物时保持优越的精准度。

钩子一样的喙是角雕的标志性"武器"，
猎物只要被它戳上一口，就会无法逃脱，
瞬间毙命。

成年角雕的爪子伸直能有 12 厘米长，其抓力是牧羊犬的 3 倍。小动物如果被牧羊犬咬到，会受伤，不会危及生命，但要是被角雕扑住，就会被它们的爪子戳破身体或头部，立刻死亡。

猴子、浣熊、树懒、鸟儿都是角雕的捕猎对象。它们会在森林的上空来回"巡逻"，累了就停在树枝上休息。当寻找到合适的目标后，它们会收紧翅膀，像一颗子弹一样俯冲下去，在靠近猎物后，以每秒 23 米的速度撞击猎物，当猎物停止移动之后，它们便伸出两只爪子给出致命一击。

虽然角雕的能力很强，但没有捕杀大型动物（如野猪、牛）的经验，这是为什么呢？原来它们生存的地方是没有大型动物的。如果角雕真的和大型动物"狭路相逢"，那么谁会获胜呢？

猎鹰

作为天空中的"霸主"，猎鹰是猛禽中飞行高度最高、视觉最为敏锐的。

猎鹰的眼部构造奇特，拥有无数个感光细胞，几乎比人类的眼睛敏锐 10 倍。发达的视力，让猎鹰即便在几十米的高空，也能第一时间发现跑动中的猎物。

猎鹰的致命"武器"是爪子，4 个趾头虽然看起来很像鸡的爪子，但孔武有力。只要被它们抓住，猎物就别想挣脱。

天空的鸟儿、地上的鼠类、疾走的兔子等小型动物，一旦被猎鹰盯上，只需要一个俯冲，其爪子就会戳进它们的头骨。

如果你在山林间看到猎鹰展开双翅在空中滑翔，千万不要惊慌，它们也许在享受飞翔的快乐。不过，你可千万别招惹它们，它们一旦用像钩子一般的喙发起进攻，你就会立刻受伤。

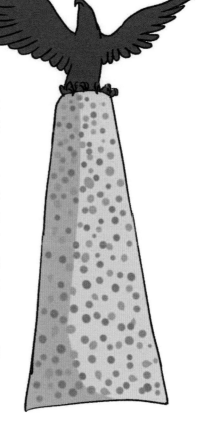

　　凶猛的外表、强大的力量、勇敢的性格，让猎鹰成为世界上许多国家和民族心中的神鸟，甚至成为一种文化的象征。

　　中国的塔吉克族视猎鹰为坚强、勇敢和正义的化身。传说有一个名叫瓦发的猎人，他的祖先世代为奴，备受压迫。当瓦发要继承这种奴隶的生活时，他们家喂养的猎鹰对他说："请你杀了我吧，将我的骨头做成一支笛子。"瓦发眼含泪水照做了，待他吹响笛子，四面八方的猎鹰都汇聚而来，并猛戳奴隶主的身体，最终奴隶主求饶，将自己的财产无偿地分给了百姓。

　　不仅如此，塔吉克族的民族舞蹈里也有猎鹰的元素。可以说鹰文化是塔吉克族的重要标志。

雕鸮

雕鸮，又称"大猫头鹰"，全身长 70 厘米左右，毛发呈现出棕色或灰色，广泛分布在亚欧大陆的山林里。它们拥有一张坚硬又弯曲的喙，双目平行地长在脸上，双翅展开能有 1 米宽。小小的头能扭转 270°，这样能够便于它们更好地观察周围的情况。

雕鸮是一种在夜间行动的动物。白天，它们总是在洞穴中休息。如果你在傍晚遇见它们，就能听见它们发出"哼哼"的声音，这是因为它们的身体在消化吃下的食物。

当夜幕完全降临时，就到了雕鸮"一展身手"的时候了。它们拥有在夜晚也能看清四周环境的双眼，极强的听力能够让它们时刻知晓周围的变化。

老鼠、鸟儿、兔子等是它们的捕猎对象，它们堪称"捕鼠专家"。据专家统计，一只雕鸮一年之内可以吃掉 4000 只老鼠，真的很厉害！